全国高等院校园林专业"十二五"规划教材

高等职业学校提升专业服务产业发展能力项目
——河南职业技术学院园林工程技术专业建设项目课程建设成果

园林树木（上）及栽培养护

**Yuanlin shumu
ji zaipei yanghu**

主　编　王　永

副主编　赵振利　马　晓
　　　　胡春瑞

主　审　苏金乐

参　编　陈　刚　曹艳春
　　　　刘志强　刘本彩
　　　　牛松顷

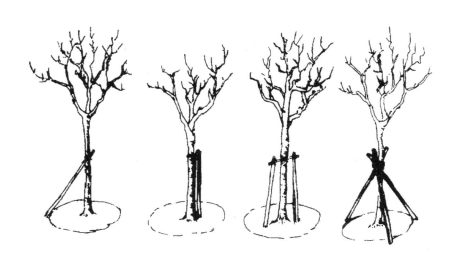

中国轻工业出版社　全国百佳图书出版单位

图书在版编目（CIP）数据

园林树木及栽培养护. 上/王永主编. —北京：中国轻工
业出版社，2021.1
全国高等院校园林专业"十二五"规划教材
ISBN 978-7-5019-9483-0

Ⅰ.①园… Ⅱ.①王… Ⅲ.①园林树木—栽培技术—高等
学校—教材 Ⅳ.①S68

中国版本图书馆CIP数据核字（2013）第247963号

责任编辑：毛旭林

策划编辑：李　颖　毛旭林　　责任终审：劳国强　　封面设计：锋尚设计
版式设计：锋尚设计　　　　　责任校对：吴大鹏　　责任监印：张　可

出版发行：中国轻工业出版社（北京东长安街6号，邮编：100740）

印　　刷：北京君升印刷有限公司

经　　销：各地新华书店

版　　次：2021年1月第1版第2次印刷

开　　本：889×1194　1/16　印张：9

字　　数：300千字

书　　号：ISBN 978-7-5019-9483-0　定价：29.00元

邮购电话：010-65241695

发行电话：010-85119835　传真：85113293

网　　址：http://www.chlip.com.cn

Email：club@chlip.com.cn

如发现图书残缺请与我社邮购联系调换

KG1165-140023

前言

本书为高职高专类园林专业教材，是根据高职高专园林专业高技能专业人才培养目标要求编写的。编写力求做到基本概念、基本理论框架简明清楚，全书紧密结合园林绿化生产实践和发展成果，重点突出，使用方便。

本书内容分为绪论、总论和各论三部分，并附有园林树木常用形态术语，之所以这样安排，是因为充分考虑了园林树木生长发育的季节性，不能把种类识别和树木栽培养护分割开来，必须穿插进行。

各论中裸子植物部分按照郑万钧系统，被子植物部分按照克朗奎斯特系统，部分科的顺序有调整。重点介绍的树种为我国常见及有发展前途的园林树种，共计86科270属502种以及152个亚种、变种、品种，使用时可根据具体情况加以取舍。

本书树种插图（465）幅，均引自正版书刊，限于篇幅，图中未标具体出处，在此谨向原作者致谢。

本书由课题组负责确定编写提纲和编写思路。

具体编写分工如下：

王永（河南职业技术学院）编写绪论、第三章、第四章、第十一章16-37科以及附录部分；

刘志强（副研究员，河南省科学院生物研究所）编写第一章、第二章；

刘本彩（高级工程师，郑州市河道管理处）编写第五章、第十一章47-60科；

赵振利（博士、副教授，河南农业大学）编写第六章、第十一章61-70科；

陈刚（讲师，郑州师范学院）编写第七章、第十一章1-15科；

胡春瑞（讲师，河南职业技术学院）编写第八章、第十一章38-46科；

牛松顷（河南职业技术学院）编写第九章；

马晓（讲师，河南职业技术学院）编写第十章；

曹艳春（讲师，河南职业技术学院）编写第十一章71～76科；

全书由王永统稿。

本书由河南农业大学博士生导师苏金乐教授百忙之中主审，特此致谢！

由于编者水平所限，谬误之处在所难免，敬请批评指正。

编　者

2013年7月

目录

第一部分
绪论

第一章　园林树木栽培养护的概念及主要内容

　　狭义上的园林一般是指公园、花园等。人类在不断追求美好生活的过程中，对于绿色植物在创造如画的优美景观、改善和保护生活环境、维持生态平衡等方面的认识不断深化，城市园林绿化已从过去城中有公园、花园，向着"城在林中、房在园中、道在绿中、人在景中"的建设目标发展。广义的园林是指栽植花草树木创造适合人们生活、工作、游憩玩赏的环境，包括城市绿化区、公路绿化区、森林公园、庭院和各种专类园，甚至自然保护区、自然风景区、旅游区、疗养院等。

　　树木是木本植物的总称，包括乔木、灌木和木质藤本。园林树木即以绿化美化、改善和保护环境为目的，适合城乡园林绿地栽植应用的木本植物的总称，亦称为观赏树木。对园林树木的种植、养护与管理是对园林树木的栽培养护，是城乡园林建设和园林绿地管理的重要核心内容，又称园林树木栽培学。只有正确地认识了园林树木的形态特征，掌握了系统分类的方法，有效识别种类繁多的园林树木，了解园林树木的观赏特点和应用价值，了解其分布范围、生态习性、繁育栽培技术，才能做到合理地配置设计、栽培应用、养护管理，经济地、成功地建设和管理城乡园林。所以园林树木及栽培养护即以园林建设和绿地管理为宗旨，系统研究园林树木的形态特征、分类、分布、习性、观赏特性及栽植、养护管理、修剪整形及其他园林应用等方面的一门科学，是园林专业重要的专业核心课程，属于应用学科的范畴。

第二章　园林树木在城乡建设中的作用

园林树木是城乡绿地及风景区绿化的主要植物材料，在园林绿化中起着骨干作用。园林树木的作用，在于其保护与改善自然环境的自然生态功能，在于其保持与平衡人们身心健康、愉悦人们的人文生态功能，在于其构建人们游憩活动景观空间的造景功能，在于其为人们提供食物、药物、化工原料、能源原料的生产功能。

一、园林树木的自然生态功能

1. 净化空气

植物通过光合作用能够吸收二氧化碳制造氧气，能够对各种有害气体有效吸收积累，且能减尘杀菌。因此在城市和工矿区大力植树、造林绿化，可以起到净化空气、美化环境的作用。$1hm^2$的阔叶林在生长季节一天可以消耗1000kg二氧化碳，放出730kg氧气。树木能大量减少空气中的灰尘和粉尘。树木吸滞和过滤灰尘的作用表现在两方面：一方面由于树林林冠茂密，具有强大的减低风速的作用，随着风速的减低，气流中携带的大粒灰尘下降；另一方面由于有些树木叶片表面粗糙不平，多绒毛，分泌黏性油脂或汁液，能黏附空气中大量微尘及飘尘。吸尘的树木经过雨水冲洗后，又能恢复其滞尘作用。很多树木可吸收有害气体，如$1hm^2$的柳杉每年可以吸收二氧化硫720kg。上海地区1975年对一些常见的绿化植物进行了吸硫量测定，发现臭椿、夹竹桃不仅抗二氧化硫能力强，并且吸收二氧化硫的能力也很强。臭椿在二氧化硫的污染情况下，叶中含硫量可达正常含硫量的29.8倍，夹竹桃可达8倍。

2. 调节气候

树木具有遮阴、降温和增加空气湿度的作用，因此，城市绿地有城市之"肺"、天然"空调机"和"空气清洁器"之称。由于树木强大的蒸腾作用，树木根部吸进水分的99.8%都要蒸发掉，只留下0.2%用于光合作用，所以森林中水汽增多，空气湿润，空气湿度比城市高38%，公园的湿度也比城市中其他地方高27%。蒸腾和光合作用大大减低了太阳辐射向热能的转化，从而降低了空气温度。在炎热的夏季，城市裸露地表温度极高，远远超过它的气温，空旷的广场在1.5m高度的最高气温为31℃时，地面的最高地温可达43℃，而绿地地温要比空旷广场低得多。

树木防风的效果也很显著。绿地不但能降低风速，而且有提高防风效果之作用，减低风速达70%～80%，且静风时间长于非绿化区。

3. 减弱噪声

声波通过树木时，枝叶摆动，使声波减弱并逐渐消失；树叶表面的气孔和粗糙的毛，就像室内的多孔纤维吸音板一样，能把噪声吸收掉。茂密的树木能有效吸收和隔挡噪声。据测定40m宽的林带可以降低噪声10～15dB；公园中成片的树林可降低噪声26～43dB；绿化的街道比不绿化的街道可降低噪声8～10dB。

4. 杀死细菌

植物可以减少空气中的细菌数量，一方面是由于绿化地区空气中的灰尘减少，从而减少了细菌量；另一方面树木本身能产生挥发性油，有杀菌作用。如榆根的水浸液能在1min内杀死伤寒、副伤寒的病原和痢疾杆菌。1hm²的圆柏林每天就能分泌出30kg杀菌素，可以杀死白喉、肺结核、伤寒、痢疾等病菌。杀菌类树木以常绿针叶树及其他能产生挥发芳香性物质的树种为主，如松、柏、杉、樟等。

二、园林树木的人文生态功能

人类由自然演化而来，是自然长期进化的结果，人类本身就是自然界的一部分，而且始终同自然之间保持着物质、能量和信息的交流。只有在一定的自然环境中才能生存，即人类始终依存于自然，依存于绿色世界。自然平衡的绿色生态成了我们释放心理压力的港湾。人们在追求高质量的社会生活中，不应将科学技术和自然环境对立起来，而应进一步追求生命与自然的相融！树木是绿色世界的主体和基础，以树木为主的绿色世界不仅为人类提供了生活的环境和生存的物质条件，而且，悄无声息地抚慰着人类的心灵：绿色使人神经松弛、血压减低、心率平缓、身心放松。失去了自然的绿色，人类变得血压升高、心率加快、情绪紧张、身心疲惫。这是人类与绿色世界协同进化、适应自然环境的必然结果。

树木的花朵、果实、种子、叶子、枝干、树冠等，都具有一定的形态、色彩、韵味、芳香之美，给人以美的享受和愉悦。不同树种的个体或群体具有各色各样的美妙，而且这种美妙还能随着树木年龄、季节、光温雨雪等气象上的变化而形成朝夕不同、四时互异、千变万化、丰富多彩的景色变化，使人们感受到树木千姿百态的美。高的杆挑千尺，低者伏偎地表；柔弱杨柳随风摆，坚挺松柏迎雪立；橙黄橘绿，桃红柳绿；松树幼时团簇似球，中年冠若华盖，老衰虬干沧桑；春季梢头嫩绿、花团锦簇，夏季绿树成荫、浓荫覆地，秋季果实累累、色香兼备，冬季白雪挂枝、银装素裹。

除了树木本身固有的特征外，不同民族或地区的人民，由于生活、习俗、传统、文化、历史的不同，给树木注入不同的文化内涵，亦即树木给人们带来不同但非常稳定的情感感受和影响，甚至概念化、人格化了。凌寒怒放的梅花，象征不畏艰险、坚强不屈；花大色艳的牡丹，代表繁荣昌盛、雍容华贵；四时不凋的翠竹，体现高风亮节、虚心向上；玫瑰表现天真、纯洁、美丽和爱情；柳枝传达离别、伤感、留恋与思念；桃花好运将至，月桂光荣胜利；黄杨坚定，石楠庄重；悬铃木才华横溢，山毛榉昌盛兴隆；石榴子孙满堂，银杏坚韧长寿；桑梓故里之谓，紫荆兄弟之爱；梨园杏坛，桃李天下；前不栽桑、后不栽柳，院里不栽鬼拍手（毛白杨）等，不一而足。如若善加运用，恰似锦上添花，园林绿地不仅四季常绿，花果不绝，而且能够鸟语花香，诗情画意，韵味无穷。

三、园林树木的造景功能

园林是以一定的地块，对山石、水体、建筑和植物等物质要素，遵循科学和艺术的原则创作而成的优美空间环境，供人们游憩的场所。园林植物是指园林建设中所需的一切植物材料，包括木本植物和草本植物；园林中没有园林植物，就不能称为真正的园林，而园林植物又以园林树木在园林绿地中占有较大的比重。园林树木是构成园林风景的主要素材，也是发挥园林绿化效益的主要植物群体。

园林树木的造景，就是充分发挥乔木、灌木、藤木等各种植物本身形体、线条、色彩等自然美，配置成一幅幅动人的画面，供人们游憩观赏。园林树木在园林绿化中不但能够构成景物、分区作界、覆盖地表、控制视线、变化季相、丰富色彩，而且在与山、水一起，改观地形、增强气氛，构建模拟自然山川的自然式园林景观，虽由人作，宛若天开，本于自然，高于自然，顺应自然，寄情寓意，天人合一，宁静深邃。欧洲古典园林中，树木甚至包括行道树，被剪成几何体、鸟兽形状，塑造为高大的绿墙，这种规则式的园林景观具有庄严、肃穆的气氛，给人以雄伟的气魄感。园林树木联系建筑、装饰建筑、甚或代替建筑、丰富景观、美化景观。

四、园林树木的生产功能

园林树木的生产作用有直接生产作用和园林结合生产两个方面。直接生产作用系指作为苗木、桩景、大树、木材出售而产生的商品价值，也指作为风景区、园林绿地主要题材而产生的风景游览价值。园林树木的结合生产作用是在发挥其园林绿化多种功能与作用的前提下，因地制宜、实事求是地结合生产，恰当地提供一些副产品。如黄连木、文冠果、樟树、乌桕、油桐、油茶等种子可以榨油，作为生物能源和食用；栗、栎、栲、柯，果实和种子富含淀粉；松、杉、槐、桐，材质优良；构、柘、朴、椴，茎皮纤维发达；柠檬桉、月季、玫瑰等可提供香精原料；桃、杏、柿、枣、梨、枇杷、橘、葡萄、芒果和荔枝果实可供食用及制酒、制罐头；速生杨、桉树、松树、竹类等可提供造纸原料；荆条、白蜡、紫穗槐、青皮竹和粉丹竹可以编筐；绝大部分树木的叶、花、果实、种子、树皮可供药用。其他如桑叶、柘叶可养蚕，椴花、枣花可供蜜蜂采蜜，漆树可割漆，杜仲可提制硬橡胶，松树可取树脂，这些树种都可为工业提供重要的原料。总之，园林树木具有非常丰富的生产功能。

第三章　我国园林树木资源特点及栽培养护状况

一、我国园林树木资源特点

我国号称华夏，华即花，是一个花木遍地的国度，园林树木资源十分丰富，具有"世界园林之母"的美称。我国园林树木资源具有以下两个特点。

1. 种质资源丰富

据不完全统计，我国有约3万种高等植物，居世界第三位，是北半球生物多样性最丰富的国家，其中木本植物即树种资源约有8000种，占我国种子植物总数的三分之一左右，其中乔木2000种左右，灌木6000种左右，远远超过欧洲和北美洲。如具有较高观赏价值的山茶属，全球约280种，85%以上的种类产于我国，花色除了红、白、粉、紫，有号称茶族皇后的金花茶（*Camellia nitidissima*）；杜鹃花属，全球约900种，530种产于我国，高者有大树杜鹃（*Rhododendron protistum var. giganyeum*），为20～30m的大乔木，云锦杜鹃（*Rhododendron fortunei*）为高达10m的小乔木。映山红（*Rhododendron simsii*）、黄杜鹃（*Rhododendron molle*）多为高1～3m的灌木，东北地区的牛皮杜鹃（*Rhododendron chrysanthum*）高10～25cm，云南的平卧杜鹃（*Rhododendron prostratum*）高仅5～10cm。我国的树种种质资源在月季花、山茶花、杜鹃花等育种工作中具有不可取代的作用，当今世界上风行的现代月季、杜鹃花及山茶花，虽然品种上千逾万，但大多数都具有中国种质资源的血缘。

2. 特有科属种众多，且多具观赏价值

我国是许多树种的世界分布中心，也就是说许多树木种类集中分布于我国。以属为例，腊梅（*Chimonanthus* 4种）、泡桐（*Paulownia* 9种）、刚竹（*Phyllostachys* 50种）等我国都有分布，我国山茶（*Camellia*）种类占到了世界种类的85%，丁香（*Syringa*）占84.4%，槭树（*Acer*）、四照花（*Dendrobenthamia*）占75%，蜡瓣花（*Corylopsis*）、李（*Prunus*）、紫藤（*Wisteria*）、椴树（*Tilia*）

等占70%。有不少种类在其他地区没有自然分布，所以，我国特有植物众多，在世界上地位突出。特有科有银杏科、水青树科、昆栏树科、杜仲科、珙桐科等；特有的木本植物属有银杉属（*Cathaya*）、金钱松属（*Pseudolarix*）、水松属（*Glyptostrobus*）、水杉属（*Metasequoia*）、白豆杉属（*Pseudotaxus*）、青钱柳属（*Cyclocarya*）、青檀属（*Pteroceltis*）、枸橘属（*Poncitrus*）、拟单性木兰属（*Parakmeria*）、腊梅属（*Chimonanthus*）、金钱槭属（*Dipteronia*）、喜树属（*Camptotheca*）等；我国的特有种更是不胜枚举，仅以著名的种类为例：牡丹（*Paeonia suffruticosa*）、梅花（*Prunus mume*）、银杏（*Ginkgo biloba*）、毛白杨（*Populus tormentosa*）、白皮松（*Pinus bungeana*）、黄山松（*Pinus taiwsnensis*）、香果树（*Emmenopterys henryi*）、文冠果（*Xanthocarpa sorbifolia*）、猬实（*Kolkwitzia amabilis*）、银鹊（*Tapiscia sinensis*）、佛肚竹（*Bambusa ventricosa*）、秤锤树（*Sinojackia xylocarpa*）、棣棠（*Kerria joponica*）、结香（*Edgemrrthia chrysantha*）等。

我国园林树木之所以种类丰富，主要得益于我国得天独厚的自然环境的复杂多样。我国幅员辽阔，南北纬度跨50°，东西经度跨62°，南北热量条件差异巨大；地势起伏，西高东低，东部大部分地区为平原和丘陵，西部为高原、山地和盆地，距离海洋远近不同，东西水分条件差异悬殊。水热条件的巨大差异为各种具有不同生态要求的树种和生物提供了其生长繁衍的自然基础，生物多样性自然而然，树木种类异常丰富。我国自北向南包括了寒温带针叶林、温带落叶林、暖温带、亚热带针阔叶混交林和热带雨林，自东向西包含了海洋性湿润森林地带、大陆性干旱半荒漠和荒漠地带以及介于两者之间的半湿润和半干旱森林和草原过渡地带。另外，西北部的高山大川阻挡了南下的寒流，减轻甚至使得我国没有遭受北方大陆第四纪冰期冰盖的严重破坏，很多第三纪的植物种类得以保留下来，这也是我国树木种类繁多的重要原因之一。

我国丰富的园林树木资源大大促进了世界园林的繁荣，目前世界的每个角落几乎都有原产于中国的树种。例如，北美从我国引种的乔木及灌木就达1500种以上，且多见于庭园之中；意大利引种的我国园林植物多达1000余种；德国有一半的观赏植物来自我国。被欧洲人誉为"活化石"的银杏、水杉、银杉、穗花杉等都是我国特有树种。银杏早在宋代（约1127～1178年）传入日本，18世纪初再传至欧洲，1730年传入美洲，现在遍及全世界。1941年才在我国发现的水杉，1948年成功引入美国后，很快传遍世界，现已有近100个国家和地区有栽培。世界五大观赏园林树种之一的金钱松也是我国特有树种，1853年引至英国，次年又引入美国。

我国在引种和驯化国外树种方面也有着悠久的历史。引种是把单种栽培或野生植物突破原有的分布区引进到新地种植的过程。驯化是把当地野生或从外地引种的植物经过人工培育，使之在新环境条件下正常生长发育的过程。关于引种和驯化，我国最早的文献记载见于周代。目前在我国广泛种植的石榴和葡萄是在西汉时期（公元前114年）从西域引入我国的。我国古代从国外引进的树种大都来自东南亚、马来群岛和中亚西亚地区，如诃子和菩提树等是从印度引入的。19世纪中叶以后，我国引进树种的种类和数量得到了很大的发展，其中不少是由华侨、留学生、外国传教士、外国使节和洋商引入的，绝大多数是城市绿化树种、果树和其他各种经济树种。引种地区主要为沿海地区或通商城市，过去的教会学校的校园往往成为国外树种的标本园。如我国南方各种桉树、相思树、木麻黄、非洲桃花心木、石栗、凤凰木、南洋杉、银桦、紫檀、榄仁树均是从国外引进的；在长江流域城市中常见的外来树种有雪松、日本黑松、湿地松、火炬松、日本柳杉、池杉、落羽杉、悬铃木、刺槐、广玉兰等。国外树种的引种，我国南方多于北方。

随着我国经济、社会、城市化的迅猛发展，近年来从国外引入了许多新的、观赏价值高的树木种类和栽培变种，大大丰富了我国城市的园林景观，如红叶石楠、彩色马醉木、沼生栎、美国红栌、加拿大紫叶紫荆、彩叶复叶槭等。虽然我国树木和种质资源丰富，然而，我国在乡土树种的驯化研究和应用方面还比较薄弱，许多具有较高观赏价值的种类仍处于野生状态。"谁占有资源，谁就占有未来。"我们有必要把祖国丰富多彩的园林树木种质资源充分发掘和利用起来。在充分发挥本地园林树种资源的基础上，合理引入外来树种，营造幽雅、健康和生态平衡的城市景观，是当前我国城市园林绿化建设的重要研究课题。

二、我国园林树木栽培养护状况

1. 我国树木栽培的历史与现状

我国的树木栽培最早起源于公元前5000年。春秋战国已有种植行道树。秦始皇时代已有了道路和行道树种植的标准，植松、槐、榆、柳、杨树等。汉武帝建上林苑，种植有枇杷、杨梅、荔枝、葡萄、石榴、龙眼、橄榄、槟榔等奇果异树。《氾胜之书》是西汉晚期的一部农学著作，一般认为是我国最早的一部农书。晋代戴凯之的《竹谱》是我国最早的园林栽培专著，记述竹类三十九种。北魏时期贾思勰所著的《齐民要术》是一部综合性农书，也是世界农学史上最早的专著之一，将物候观测用于栽培，栽培正月为上时，二月为中时，三月为下时（黄河中下游地区）。园篱、酸枣、柳、榆，并可修剪成鸟、龙的形状。唐朝郭橐驼《种树书》已记载种树要顺应树木的天性，注明桂花原产地是在中国的西南部。宋朝欧阳修《洛阳牡丹》、范成大《梅谱》等，元朝《农桑辑要》、王祯《农书》，明代王象晋《群芳谱》、徐光启《农政全书》，清代《广群芳谱》、陈淏子《花镜》等，均有很多有关于园林树木养护管理的记载，说明我们国家树木栽培管理有悠久的历史，也有很多经验的积累，包括嫁接技术、花期控制技术、园林植物景观造景技术和盆景制作技术等。新中国成立之后，随着经济的发展，我国的树木栽培和应用技术也有很大的发展，"植树造林，绿化祖国"，特别是20世纪70～80年代，改革开放后，我国的园林建设更是有大的投入和发展。1979年国家建设总局出台了《关于加强园林绿化工作的意见》，1992年国务院第100号令，颁布《城市绿化条例》，标志我国城市绿化工作步入依法建设的新阶段。国家级绿化先进城市、国家生态园林城市、国家森林城市的建设和评选，在物质文明、精神文明、政治文明、社会文明之后，生态文明的响亮提出，还有一些其他的相关白皮书等，极大地推动了我国城乡园林事业的不断发展和提高：绿地得到有效保留和保护，城市绿化工程以园林植物为核心材料，注重大树古树保护，注重物种多样性和景观多样性的丰富，注重栽培养护新技术的推广应用。

2. 世界其他国家的情况简介

古埃及、古巴比伦、古希腊均有书籍记载植物栽培的历史；欧洲在树木的应用、外来引种植物，植物园和树木园的建设和精心养护方面卓有成效，也有很多植物栽培的研究记录，并在品种选育、修剪整形和栽培技术等方面取得成果。美国在模仿欧洲模式的基础上，在树木病虫害防治及外科手术、启用乡土树种代替外来树种等方面有过深刻的经验教训。

目前，国际上树木栽培学的主要研究与实践是：不同环境条件下树木的生理研究；建筑、施工对城市树木根系的影响；树木对城市各类设施的影响以及预防；受损树木的处理以及树木的安全管理；提高树木移植成活率的技术；树木修剪、整形的技术规范；树木的价值问题。

第四章　园林树木及栽培养护的学习方法

　　本教材园林树木（学）的内容包括绪论、总论和各论三部分。绪论主要总体上介绍园林树木（学）的概念，和学习园林树木（学）的重要性以及学好园林树木（学）的学习方法。总论主要讲授园林树木的分类、观赏特性、习性、分布、树种选择和配置、栽植、整形修剪等养护管理以及古树名木等基础理论知识；各论则是按照植物的自然分类系统，分门别类地介绍我国重要的园林树木的种类、形态特征、分布、习性、繁殖方法及其在园林中的应用等知识。树种的识别（形态特征）、分布与习性是园林树木学习的基础和难点，只有正确地识别了种类繁多的园林树种，熟练地掌握了各园林树种的观赏特点、生长发育规律和对环境因子的需求，才能够在园林建设实践中合理正确地运用；树种的栽植、养护管理是园林树木学习的核心和重点，最大限度地发挥园林树木绿化美化环境的目的。

　　园林树木种类繁多，即使同一树种，不同个体甚或同株不同部位因环境不同，形态差异也很明显，给树种识别造成一定困难，掌握正确的学习方法对于园林树木的学习十分重要。第一，必须理解和掌握园林树木及栽培养护的基本概念和原理。如必须具有一定的植物形态学知识基础。熟练掌握植物学的形态术语，尤其是特征非常稳定的繁殖器官的形态术语，正确、灵活地应用于各种园林树木，才能够保证正确识别和鉴定园林树木的种类。第二，还必须掌握一定的植物分类学知识基础。植物系统分类的方法是科学的分类方法，其所构建的植物分类系统犹如门捷列夫构建的化学元素周期表，相同的科、属具有相同的形态特征共同点，重点掌握住科、属的特征特点，对于种类繁多的、杂乱无章的园林树木的识别和鉴定，实质上起到了钥匙的作用。识别到的园林树种放回到植物自然分类系统中去理解，更是有助于长久地记忆和建立完整的植物分类系统。第三，园林树木及栽培养护是一门实践性、季节性较强的学科，在学习过程中存在着繁琐、难记、易忘等现象，必须做到理论联系实际，理论指导实践，注意观察和比较，多看、多闻、多问、勤思考，同时还应善于类比和归纳，在同中求异，在异中求同，勤于实践，勇于实践，乐于实践，反复认识，达到举一反三，最终掌握、运用园林树木及栽培养护的基本理论和基本技能，以正确识别、鉴定、认识各种园林树木，熟练掌握园林树木栽植、修剪、养护管理的技术和方法，为园林规划设计和园林工程建设、为城乡园林绿化建设服务的目的。

园林树木是园林建设中重要的生态资源，在学习过程中不要随意伤害和破坏园林树木，要爱护树木，培养热爱大自然的高尚情操。

复习思考题

1. 园林树木及园林树木学的概念。
2. 园林树木栽培养护的概念。
3. 如何认识学习园林树木及栽培养护的重要意义？

第二部分
总论

第一章　园林树木的分类

第一节　植物学的自然分类法

自然界有植物大约50万种。人们要认识、利用、改造它们，就必须对它们进行分类。植物的分类是在人类认识植物和利用植物的社会实践中发展起来的一门科学。根据分类的依据和目的，植物分类的方法大体上可以分为人为分类法和自然分类法。

自然分类法又称植物学分类法、系统发育分类法，是在达尔文进化论的影响下，按照植物间在形态、结构、生理上相似程度，判断其亲缘关系，再将它们分门别类形成分类系统，是为植物自然分类系统。在植物自然分类系统中，可以看出各种植物在分类系统上所处的位置以及和其他植物在进化关系上的亲疏、形态上特别是繁殖器官的相似性。在性质上，植物自然分类系统极其类似于化学中的元素周期表，是有效认识植物的重要手段和工具。

一、植物分类的等级

为了建立自然分类系统，更好地认识植物，分类学根据植物之间相异的程度与亲缘关系，将植物分为不同的若干类群或各级大小不同的单位，即界、门、纲、目、科、属、种，就是基本的分类等级。种是植物分类的基本单位，由相近的种集合为属，由相近的属集合为科，以此类推。有时根据实际需要，可以划分为更细的单位，如亚门、亚纲、亚目、亚科、族、亚族、亚属、组，在种的下面还可分出亚种、变种、变型。

种是分类学的基本单位。一个种的所有个体具有基本上相同的形态特征；个体间能进行自然交配，产生能育的正常的后代；具有相对稳定的遗传特性；占有一定的分布区和要求适合于该种生存的一定生态条件。

种以下还可以设立亚种（subspecies）、变种（variety）、变型（form）。

亚种是指某种植物分布在不同地区的种群，由于受所在地区生存环境的影响，它们在形态构造或生理机能上发生了某些变化，这个种群就称为某种植物的一个亚种。

每一种植物通过系统的分类，既可以表示出它在植物界的地位，也可以表示出它和其他不同植物的亲缘关系。

现以桃为例说明分类学上的各级单位，并列表1-1。

表1-1　　　　　　　　　　　　　　　　植物分类的基本单位

分类单位		分类举例（桃）	
中名	拉丁名	中名	拉丁名
界	Regnum	植物界	Plantae
门	Diviso	被子植物	Angiospermae
纲	Classis	双子叶植物纲	Dicotyledoneae
目	Order	蔷薇目	Rosales
科	Family	蔷薇科	Rosaceae
属	Genus	梅属	Prunus
种	Species	桃	*Prunus persia*

包含更细等级则为：

界　植物界 Regnum vegetable

　门　被子植物门 Angiospermae

　　纲　双子叶植物纲 Dicotyledoneae

　　　亚纲　离瓣花亚纲 Glunmifiorae

　　　　目　蔷薇目 Rosales

　　　　亚目　蔷薇亚目 Rosales

　　　　　科　蔷薇科 Rosaceae

　　　　　亚科　李亚科 prunoideae

　　　　　　属　梅属 Prunus

　　　　　　　亚属　桃亚属 *Amygdalus*

　　　　　　　　种　桃 *Prunus persia*

变种，在同一个生态环境中的同一个种群内，如果某个个体或由某些个体组成的小种群，在形态、分布、生态或季节上，发生了一些细微的变异，并有了稳定的遗传特性，这个个体或小种群，即称为原来种（又称为模式种）的变种。

变型有形态变异，但没有一定的分布区，仅仅是一些零星分布的个体。

品种是栽培学上的变异类型，不属于按照植物自然分类系统的分类单位。在农作物上和园艺植物中，通常把经过人工选择而形成的有经济价值的变异（色、香、味、形状、大小等）列为品种，品种必须具备一定的经济价值。

二、植物学名

植物种类繁多，同一种植物在不同的国家有不同的名称，即使在同一个国家，不同地区叫法有时也不一样，例如番茄，在我国南方称番茄，北方称西红柿、洋柿子。北京的玉兰，在河南称白玉兰，在浙江叫迎春花，江西叫望春花。这种现象称为同物异名。我国叫白头翁的植物就有10多种，这种现象叫同名异物。由于植物种类极其繁多，叫法各异，会造成混乱现象，不利于植物的研究和利用，更不利于在国际上的交流。1867年，经德堪多（A.P.De Candollo）等人的倡议，在国际会议上制定了国际植物命名法规，规定以双名法作为植物学名的命名方法。

植物双名法系1753年瑞典分类学家林奈首创。规定用两个斜体拉丁字或拉丁化的字作为植物的学名。第一个字是属名，属名的第一个字母要大写，多为名词；第二个词为种加词，多为形容词，一律小写。但是完整的植物学名，还要求在双名之后，加上命名人的姓氏缩写（第一个字母应大写）。有一些植物的学名是由两个人命名的，二人的姓氏缩写字都附上，在其间加上联词"et"或"&"符号。

如月季花的学名是*Rosa chinensis* L.，其中*Rosa*为属名，*chinensis*为种加词，后边的"L."是定名人林奈（Linnaeus）的缩写。如果是亚种、变种和变型的命名，则是在种加词后加上它们的缩写subsp.、var. 和f.，再加上亚种、变种和变型名，后边附以定名人的姓氏或姓氏缩写。例如蟠桃是桃的变种，可写为*Prunus persica* var. *compressa* Bean；而红玫瑰的学名应写为*Rosa rugosa* var. *rosea* *Rehd.* 每种植物只有一个合法的名称，用双名法定的名，也称学名（scientific name）。

关于栽培品种，则在种后用正体写于单引号内，其后不必附命名人。如日本的绒柏是日本花柏的一个栽培种，其学名为 *Chamaecyparis pisifera* 'Squarrosa'。

三、植物的系统分类

在长期的进化过程中，有一些植物的种群灭绝了，残留的化石材料寥寥无几，所以要建立完善的自然分类系统有一定的困难。世界各国的植物分类学者根据现有的相关材料和各自的观点创立了不同的分类系统。尽管分类系统各有差异，但对门以上的分类大体一致。

植物界

Ⅰ. 孢子植物（隐花植物）亚界

（一）藻类植物门

　　裸藻纲、绿藻纲、轮藻纲、金藻纲、甲藻纲、褐藻纲、红藻纲、蓝藻纲

（二）菌类植物门

　　细菌门、黏菌门、真菌门

（三）地衣门

（四）苔藓植物门

（五）蕨类植物门

Ⅱ. 种子植物（显花植物）亚界

（一）裸子植物

（二）被子植物

在孢子植物亚界中，其中藻类植物、菌类植物、地衣植物、苔藓植物、蕨类植物，依靠孢子繁

殖，被称为孢子植物，这类植物不开花结果，故称为隐花植物。在种子植物亚界中，裸子植物和被子植物是利用种子繁殖，称为种子植物，由于这类植物开花结果，又称为显花植物。藻类植物、菌类植物、地衣植物在形态上没有根、茎、叶的分化，称为原植体植物或低等植物；而苔藓植物、蕨类植物、裸子植物和被子植物在形态上有根、茎、叶的分化，称为高等植物或茎叶体植物。蕨类植物、裸子植物和被子植物有维管系统，又称为维管植物；而藻类植物、菌类植物、地衣植物、苔藓植物结构简单，不具有维管系统，故称为非维管植物。

园林树木基本隶属于种子植物。其中裸子植物多采用我国林学家郑万钧的分类系统，至于被子植物的自然分类系统，全世界各国学者的意见尚不统一，现将最常用的分类系统简介如下。

1. 恩格勒（Engler）系统

德国的恩格勒主编了两部巨著，即《植物自然分科志》（1887—1899）和《植物分科志要》（1924）。采用目、科、属、种的系统对植物进行描述，奠定了今天的恩格勒系统，它有以下特点。

① 认为单性而又无花被（柔荑花序）是较原始的特征，所以将木麻黄科、胡椒科、杨柳科、桦木科、壳斗科、荨麻科等放在木兰科和毛茛科之前。

② 认为单子叶植物较双子叶植物原始。

③ 目与科的范围较大。

在1964年，本系统根据多数植物学家的研究，将错误的部分加以改正，即认为单子叶植物是较高级的植物，而放在双子叶植物之后，目科的范围有所调整。

由于恩格勒系统提出较早、较完善，比较实用，世界各国广为采用，例如《中国树木分类学》和《中国高等植物图鉴》等书均采用该系统。

2. 哈钦松（J.Hutchinson）系统

该系统由英国植物分类学家哈钦松于1926年在《有花植物志》一书中提出的，并于1934年，1948年，1959年多次修订，该系统的特点如下。

① 认为单子叶植物比较进化，排在双子叶植物之后。

② 在双子叶植物中，将木本和草本分开，并认为木本为原始性状，草本为进化性状。

③ 认为花的各部分呈离生状态，呈螺旋状排列，具有多数雄蕊，两性花等性状为较原始，而花的各部分呈合生或附生、花部呈轮状排列，具有少数合生雄蕊，单性等性状属于较进化的性状。

④ 认为具有萼片和花瓣的植物，如果它的雄蕊和雌蕊在解剖上属于原始性状时，则比无萼片与花瓣的植物较为原始，例如木麻黄科，杨柳科等无花被特征是属于功能退废的特化现象。

⑤ 单叶和叶互生属于原始性状，复叶和叶对生或轮生属于较进化的现象。

⑥ 目和科的范围较小。

目前很多人认为哈钦松系统较为合理，但是原书中未包括裸子植物，中国南方学者采用哈钦松系统者较多，例如《广州植物志》及《海南植物志》。

3. 克朗奎斯特（A.Cronqist）系统

该系统是美国植物分类学家克朗奎斯特（A.Cronqist）于1957年发表的，在1968年、1981年进行了修订，其系统要点如下。

① 以真花学说为基础，认为被子植物起源于裸子植物——种子蕨。

② 木兰目是被子植物最原始的类型，现代被子植物不可能从现存的被子植物的其他亚纲进

化而来；单子叶植物与睡莲目起源于共同的祖先；泽泻亚纲是百合亚纲进化干线上近基部的一个侧枝。

③ 系统在修订后把被子植物门（木兰植物门）分为木兰纲和百合纲。

A.Cronqist对被子植物的起源和演化趋势、单子叶植物的起源以及分类方法等方面与塔赫他间系统的观点相似。同时A.Cronqist系统没有设"超目"一级分类单元。

除了以上的三种自然分类系统之外，还有俄罗斯的塔赫他间系统（A.Takhtajan），美国的佐恩（R.F.Thorne）系统，瑞典的达格瑞（R.Dahlgren）系统等，本书则采用较为科学的克朗奎斯特系统。

四、植物检索表

植物检索表是植物分类中鉴定植物不可缺少的工具。植物检索表是将不同特征的植物，用对比的方法，逐步排列，进行分类，系法国拉马克（Lamarch）倡用的二歧分类法。根据二歧分类法，可制成植物分类检索表。根据检索目标，可分为科、属、种等检索表。常用的检索表形式有下列两种。

1. 定距检索表

定距检索表又称等距检索表。在这种检索表中，按照植物相对立的特征，编为同样号码，且在书页左边同样距离处开始描述。如此继续下去，描述行越来越短，直至追寻到检索表的最低单位为止。它的优点是将相对性质的特征都排列在同样距离，一目了然，便于应用，缺点是如果编排的种类过多，检索表势必偏斜而浪费很多篇幅。现将植物分门等距式检索表举例如下：

1. 植物体无根、茎、叶分化，不产生胚 ⋯⋯⋯⋯⋯⋯⋯⋯⋯⋯⋯⋯⋯⋯⋯⋯⋯⋯⋯⋯低等植物

2. 植物体不为藻、菌共生体

3. 有叶绿素，自养植物 ⋯⋯⋯⋯⋯⋯⋯⋯⋯⋯⋯⋯⋯⋯⋯⋯⋯⋯⋯⋯⋯⋯藻类

3. 无叶绿素，异养植物 ⋯⋯⋯⋯⋯⋯⋯⋯⋯⋯⋯⋯⋯⋯⋯⋯⋯⋯⋯⋯⋯⋯菌类

2. 植物体为藻、菌共生体 ⋯⋯⋯⋯⋯⋯⋯⋯⋯⋯⋯⋯⋯⋯⋯⋯⋯⋯⋯⋯⋯地衣门

1. 植物体有根、茎、叶分化，产生胚 ⋯⋯⋯⋯⋯⋯⋯⋯⋯⋯⋯⋯⋯⋯⋯⋯⋯⋯⋯⋯高等植物

4. 有茎、叶分化，无真正根 ⋯⋯⋯⋯⋯⋯⋯⋯⋯⋯⋯⋯⋯⋯⋯⋯⋯⋯⋯苔藓植物门

4. 有茎、叶分化，并出现真正根

5. 不产生种子，用孢子繁殖 ⋯⋯⋯⋯⋯⋯⋯⋯⋯⋯⋯⋯⋯⋯⋯⋯⋯⋯⋯蕨类植物门

5. 产生种子，用种子繁殖

6. 种子或胚珠裸露 ⋯⋯⋯⋯⋯⋯⋯⋯⋯⋯⋯⋯⋯⋯⋯⋯⋯⋯⋯⋯⋯裸子植物门

6. 种子或胚珠包被在果皮或子房中 ⋯⋯⋯⋯⋯⋯⋯⋯⋯⋯⋯⋯⋯⋯⋯被子植物门

2. 平行检索表

平行检索表，每一相对性状的描写紧紧相接，便于比较，在每一行之末，或为一类别名呈，或为一数字。如为数字，则对另一性状重新分两类描述，相对性状平行排列，如此直至终了为止。左边数字均平头写，为平行检索表的特点。例如：

1. 植物无花，无种子，以孢子繁殖 ⋯⋯⋯⋯⋯⋯⋯⋯⋯⋯⋯⋯⋯⋯⋯⋯⋯⋯⋯⋯⋯⋯⋯2

1. 植物有花，以种子繁殖 ⋯⋯⋯⋯⋯⋯⋯⋯⋯⋯⋯⋯⋯⋯⋯⋯⋯⋯⋯⋯⋯⋯⋯⋯⋯⋯3

2. 小型绿色植物，结构简单，仅有茎、叶之分，有时仅为扁平的叶状体；不具真正的根和维管束 ⋯⋯⋯⋯⋯⋯⋯⋯⋯⋯⋯⋯⋯⋯⋯⋯⋯⋯⋯⋯⋯⋯⋯⋯⋯⋯⋯苔藓植物门

2. 通常为中型或大型草本，很少为木本植物，分化为根、茎、叶，并有维管束⋯⋯ 蕨类植物门

3. 胚珠裸露，不包于子房内⋯⋯⋯⋯⋯⋯⋯⋯⋯⋯⋯⋯⋯⋯⋯⋯⋯⋯⋯⋯ 裸子植物门

3. 胚珠包于子房内⋯⋯⋯⋯⋯⋯⋯⋯⋯⋯⋯⋯⋯⋯⋯⋯⋯⋯⋯⋯⋯⋯⋯ 被子植物门

植物检索表是鉴定植物的重要工具。当鉴定一种不认识的植物时，分别运用科、属、种检索表，依次分别查出该植物所属的科、属、种。地方植物志、中国高等植物图鉴、树木学等均可作为工具书。利用检索表鉴定时，不但要有科、属、种检索表，而且还要有采集性状完整的植物标本。另外，对检索表中用到的各种植物的形态学术语应非常熟悉，如花序的类型、子房的位置、子房的室数、花冠的排列方式、雄蕊的类型、雄蕊与花冠裂片对生或互生等，否则，容易出现偏差，很难正确地完成鉴定。

第二节 园林建设中的人为分类法

园林树木的园林建设分类有多种方法，各国学者之间有相异处也有相同点，总的原则都是以有利于园林建设工作为目的。常用的园林建设分类方法如下。

一、依树木的生长类型分类

这种分类方法的依据是植物生长的高低、大小、分枝多少、生长习性等。

1. 乔木类

树体高大，具有明显的高大树干，又可依高度而分为伟乔（31m以上）、大乔（21～30m）、中乔（11～20m）和小乔（6～10m）等四级。

2. 灌木类

树体矮小（通常在6m以下），主干低矮。

3. 丛木类

树体矮小而干茎自地面生出多数无明显主干的分枝。

4. 藤木类

能缠绕或攀附其他物体向上生长的木本植物，以其生长特点又可分为绞杀类（具有缠绕性和较粗壮、发达的吸附根的木本植物，可使被缠绕的树木溢紧而死亡），吸附类（如爬墙虎可借助吸盘，凌霄可借助与吸附根而向上攀登），卷须类（如葡萄类）和蔓条类（如蔓性蔷薇每年可发生多数长枝，枝上并有钩刺使之得以攀缘）等。

5. 匍地类

干、枝等均匍地生长、与地面接触部分可生出不定根而扩大占地范围。

二、依树木在园林绿化中的用途分类

1. 独赏类（孤植树、标本树、赏形树）

2. 遮阴树类

3. 行道树类

4. 防护林类

5. 林丛类

6. 花木类

7. 藤木类

8. 植篱及绿雕塑类

9. 地被植物类

10. 屋基种植类

11. 桩景类（包括地栽及盆栽）

12. 室内绿化装饰类（包括木本切花类）。

三、依树木在园林结合生产中的主要经济用途分类

园林树木除了具有园林绿化功能以外，其产品的经济用途多种多样，下面将它们的用途简介如下。

1. 果树类

在园林树木中有很多种类的果实味美可口，是人们常常食用的水果，有的可以鲜食，有的可以干食和加工食用。如北方的桃、李、杏、梅、柿、苹果、葡萄、木瓜、猕猴桃等；南方的龙眼、木菠萝、芒果、番木瓜、杨梅、枇杷、香蕉、椰子等。

2. 淀粉树类

有一些园林植物的种子中富含淀粉，被称为"木本植物树种"或"铁杆庄稼"，如板栗、栎类、柿、栲类、银杏等。

3. 油料树类

许多园林树木的果实、种子富含油脂，称为油料树。例如油桐种子含油量为40%~60%，黄连木种子含油量为56%，樟树种子含油量为64%，胡桃仁为58%~74%，而铁刀木含油量高达78.9%，比农作物中花生的含油量40%~55%还要高。常见的园林油料树种有200多种，它们对人们的生活及工业方面都有很重要的作用。

4. 木本蔬菜类

许多园林植物的叶、花、果实可以作蔬菜食用，如香椿、枸杞、榆树、花椒的嫩叶；木槿、玉兰、紫藤、刺槐的花；柳树的花序及榆树的果实榆钱等。

5. 药用树类

园林植物的叶、花、果实可以入药具有悠久的历史，据不完全统计，园林树木可入药的有300多种。最常用的有：银杏、牡丹、五味子、枇杷、杜仲、金银花等。其中枸杞全身是宝，冬季采枸杞根为地骨皮，可清热凉血、消肺降火、去热消渴；春采枸杞叶为天精，有补虚益精、清热明目之功效；秋采枸杞果为枸杞子，可润补肝肾、治疗眩晕耳鸣、腰膝酸疼。

6. 香料树类

我国富含芳香油的园林植物甚多，应用前景十分广阔。常见富含芳香油的园林植物有茉莉、含笑、白兰花、桂花、花椒、肉桂、月桂、八角等。

7. 纤维树类

有些树种的树干富含纤维，可以作为编织、纺织和造纸的原料。常见富含纤维园林树种有榆、桑树、朴、构、结香、剑麻、棕榈等。

8. 橡胶、乳胶树类

有一些园林植物含橡胶、树脂和树胶，在现代化学工业中十分重要。橡胶树、印度橡皮树等可提取硬橡胶；薜荔可提取胶乳。松类、柏类、杉类、漆树、山桃、猕猴桃富含树脂。

9. 饲料树类

有一些园林树种的果实、嫩枝和叶可以饲养牲畜、养蚕、养蜂，如刺槐、榆、栎类、构树等。

10. 薪材类

一些高大的园林树木，可以提供不同的用材、薪材，如松、柏、杨、柳、栎、泡桐等。

11. 观赏装饰类

榕树、红掌、变叶木、青香木、吊兰等常常置于室内用于观赏和装饰。

12. 其他经济用途类

除了以上的各种经济用途以外，有的园林植物富含糖类，可以提取砂糖，如糖槭、刺梨、金樱子等。有的可以制作饮料，如咖啡、可可、柿叶、茶树等。有的园林植物可以提取杀虫剂，如夹竹桃、银杏、苦楝、杠柳、皂荚、油茶、苦木、鸡血藤等植物。

四、依树木的观赏性特性分类

1. 赏树形树木类（形木类）

2. 赏叶树木类（叶木类，又可按叶子的形态、大小、色彩等分成多种类型）

3. 赏花树木类（花木类）

4. 赏果树木类（果木类）

5. 赏枝干树木类（干木类）

6. 赏根树木类（根木类）

五、依对环境因子的适应能力分类

1. 按照热量因子

根据树种自然分布区域内的温度状况，可分为热带树种、亚热带（暖带）树种、温带树种和寒带、亚寒带树种。依树种的耐寒性又可分为耐寒树种、不耐寒树种及半耐寒树种三类。

2. 按照水分因子

通常可分为旱生树种、中生树种及湿生树种。

3. 按照光照因子

可分为阳性树种、中性树种、阴性树种（耐阴树种）。

4. 按空气因子

可分为抗风树种、抗烟害和有毒气体树种、抗粉尘树种和卫生保健树种（能分泌和挥发杀菌素和有益人类的芳香分子）等四类。每类别中又可分为若干组。

5. 按土壤因子

可分为喜酸性土树种、耐碱性土树种、耐瘠薄土树种和海岸树种等四类。

除了上述分类方法以外，还可以按照移栽难易分为易移栽成活和不易移栽类；按繁殖方法又可分为种子繁殖、无性繁殖类；按其整形修剪特点可分为宜修剪整形和不宜修剪整形类。按其在生长过程中对病虫害的抵抗性，可分为易染病类和强抗性类等。

复习思考题

1. 人为分类法和自然分类法有什么区别？为什么要对植物进行系统分类？

2. 植物分类有哪些等级？种和变种有什么区别？

3. 植物的学名有哪几部分组成？书写时要注意什么问题？

4. 植物的自然分类系统有哪些？各系统间有哪些主要区别？

5. 为什么要学习使用植物分类检索表？等距式检索表和平行式检索表有哪些主要区别？

6. 园林树木在园林建设中的分类依据是什么？了解这些在园林绿化中有什么指导意义？

第二章　园林树木的观赏特性

园林植物是园林构成的基础和核心要素，没有园林植物就不能称为真正的园林。园林植物中，又以园林树木在园林绿地中占有较大比重而成为主要题材。园林树木种类繁多，不同的树种各具风姿，而且可随季节及树龄的变化而丰富和发展。所以说，园林树木的重要特性之一，即是给人以美的享受，这也是树木观赏应用的前提之一，园林中的建筑、雕像、溪瀑、山石等，均需恰当的园林树木与之相互衬托。强调树木的观赏特性，园林树木又称观赏树木。

树木之美有个体美与群体美之分，群体美是在个体美的基础上形成的，更增加了园林树木美的多样性与复杂性。本章文字中，将着重介绍园林树木的个体美。

园林树木的个体美，也就是其观赏特性，主要表现在形态、色彩及意境等各方面，而色彩、形态等又都是以体量、冠形、叶、花、果、枝、干、根等观赏器官或观赏要素为载体，给人以现实客观的美学感受，构成了园林植物造景的重要方面。

第一节　园林树木的形态观赏

园林树木的形态是其外形轮廓、体量、形状、质地、结构等特征的综合体现。它给人以大小、高矮、轻重等比例、尺度的感觉。因此，园林树木的形态美主要属于造型艺术美。在美化配植中，树形是构景的基本因素之一，它对园林境界的创造起着巨大的作用，不同形状树木的妥善配植和安排，可以产生韵律感、层次感等种种艺术效果。至于在庭前、草坪、广场上的单株孤植树则更可说明树形在美化配植中的巨大作用了。

某种树有什么样的树形，一般指在正常的生长环境下成年树的外貌。树种的树形并非一成不变，它随着生长发育过程而呈现出规律性的变化。园林工作者必须掌握这些变化的规律，对其变化有良好的预见性，才能成为优秀的园林建设者。

园林树木的形态美具体表现在以下几个方面。

一、冠形

冠形即树冠的形状，指树木从整体形态上呈现的外部轮廓。冠形在园林的构图、布局与组景上，都很重要。下面介绍几种主要树冠形。

1. 针叶树类

又分为乔木类、灌木类两大类型。

（1）乔木类

①尖塔形，如雪松、窄冠侧柏等。

②圆柱形，如北美圆柏、紫杉、杜松、塔柏等。

③圆锥形，如圆柏、毛白杨等。

④广卵形，如圆柏、侧柏等。

⑤卵圆形，如千头柏等。

⑥盘伞形，大枝平展，顶部较平，如老年期的油松。

⑦苍虬形，如高山区的一些老年期树木。

（2）灌木类

①密球形，如万峰桧。②倒卵形，如千头柏。③丛生形，如翠柏。

④偃卧形，如鹿角桧等。⑤匍伏形，如铺地柏。

2. 阔叶树类

（1）乔木类

①圆柱形，如钻天杨。②笔形，如塔杨。③圆锥形，如毛白杨。

④卵圆形，如加杨。⑤棕榈形，如棕榈。

以上乔木类落叶树种的树形均具有中央领导干（主导干）。

⑥倒卵形，如刺槐。⑦球形，如五角枫。⑧扁球形，如栗。

⑨倒三角形，如合欢。⑩倒钟形，如槐。

⑪馒头形，如馒头柳。⑫伞形，如龙爪柳。

⑬风致形，如高山上或多风处的树木以及老年树或复壮树等。

（2）灌木及丛木类

①圆球形，如黄刺玫。②扁球形，如榆叶梅。③半球形，如金老梅。

④丛生形，如玫瑰。⑤拱枝形，如连翘。

⑥悬崖形，如生于高山岩石隙中的松树。

⑦匍匐形，如平枝栒子。

（3）藤木类（攀缘类）

如紫藤。

（4）其他类型

①垂枝形，基本特征为具有明显悬垂或下弯的细长枝条，如垂柳、垂枝槐、垂枝榆、垂枝梅、

垂枝桃、垂枝山毛榉等。由于枝条细长下垂，并随风拂动，常形成柔和、飘逸、优雅的观赏特色，能与水体很好地协调。

② 龙枝形，枝条虬曲盘旋，如龙爪柳、龙爪枣等。

二、干形

单纯从枝干形态上又可以分为如下几种。

1. 直立形

树干挺直，表现出雄健的特色。

2. 偃卧形

树干沿着近乎水平的方向伸展，由于在自然界中这一形式往往存在于悬崖峭壁或水体的岸畔，故有悬崖式与临水式之称，均具有奇突与惊险的意味。

3. 并丛形

两条以上树干从基部或接近基部处平行向上伸展，有丛茂的情调。

4. 连理形

由两株或两株以上树木的主干顶端互相愈合而成。这在热带地区较常见，但在北方则须由人工嫁接而成。在同一树上两条枝梢局部愈合的称作"交柯"，连理、交柯在我国的习俗中被认为是吉祥的。

5. 盘结形

由人工将树木的枝、干根、蔓等加以屈曲与盘结而成，是热带树木的露根板根、垂枝和蟠枝等特点的极度强调，演变到图案化的境地，具有苍老与优美的情调。

6. 屈曲形

是树枝的自然屈曲状态，在落叶后更为清晰显露，这类树木可以称为"赏枝式"。屈曲形同雪景相配合是协调的，季节的内容会因此而丰富，季节的特色也能因此而加强。

三、根形

多数树木的根深埋于地下，难以看到。但一些生长达老年期以及生长在浅薄土壤或水边、湿地的树木，常因自然环境的改变而悬根露爪，显示出生命苍古、顽强，生机盎然。中国人民自古以来就有欣赏树木裸露的根部的习惯，具有很高的鉴赏水平，并将之运用于园林美化及桩景、盆景的培养中。

在热带、亚热带地区，有些树木，如榕树，具有强壮的板根以及发达的悬垂状气生根，能形成树中洞穴、树枝连地、绵延如绳的奇特景象，蔚为壮观。另外，水松、落羽杉、池杉等生长于湿地的树木常具呼吸根，红树科树木常生有支柱根，均别具一格。

四、叶形

园林树木的叶具有极其丰富多彩的形貌。就叶的观赏特性而言，一般着重以下几个方面的描述。

1. 叶的构成

植物的叶一般由叶片、叶柄和托叶三部分组成。叶片是叶的主要部分，多数是绿色的扁平体，叶柄是叶的细长柄状部分，上端与叶片相接，下端与茎相连，托叶是叶柄基部两侧所生的小叶状物。不同植物的叶片、叶柄、托叶的形状是各不相同。

同时具备叶片、叶柄和托叶三部分的叶，称为完全叶，例如桃、梨、月季等植物的叶；只具备其中一个或两个部分的，称为不完全叶，如丁香、白菜等。

2. 叶的形态描述

（1）叶片的形态描述

叶片的形态描述包括叶形、叶缘、叶尖、叶基以及叶脉的排列等。

① 针形类，包括针形叶及凿形叶，如油松、雪松、柳杉等。

② 条形类（线形类），如冷杉、紫杉等。

③ 披针形类，包括披针形，如柳、杉、夹竹桃等，也包括倒披针形，如黄瑞香等。

④ 椭圆形类，如金丝桃、天竺葵、柿以及长椭圆形的芭蕉等。

⑤ 卵形类，包括卵形及倒卵形叶，如女贞、玉兰、紫楠等。

⑥ 圆形类，包括圆形及心形叶，如山麻杆、紫荆、泡桐等。

⑦ 掌状类，如五角枫、刺楸、梧桐等。

⑧ 三角形类，包括三角形及菱形，如钻天杨、乌桕等。

⑨ 奇异形，包括各种引人注目的形状，如鹅掌楸、马褂木的鹅掌形或长衫形叶，银杏的扇形叶等。

（2）叶序

叶在枝上的排列方式称叶序，有互生、对生、轮生、簇生四种类型。

（3）单叶与复叶

每一叶柄上生长一个叶片的，称单叶，如桃、李、杏等；一叶柄上着生两个以上叶片的，称复叶，如国槐、栾树、臭椿等。根据复叶中小叶的排列方式，可以分为羽状复叶、掌状复叶和三出复叶。

3. 叶的大小

大者如巴西棕其叶片长达20m以上，小者如麻黄、柽柳、侧柏等的鳞叶仅长数毫米。一般而言，原产热带湿润气候的植物，大抵叶较大，如芭蕉、椰子、棕榈等，而产于寒冷干燥地区的植物，叶多较小，如榆、槐、槭等。

（1）小型叶类

叶片狭窄，细小或细长，叶片长度大大超过宽度。包括常见的鳞形、针形、凿形、钻形、条形以及披针形等，具有细碎、紧实、坚硬、强劲等视觉特征。

（2）中型叶类

叶片宽阔，大小介于小型叶与大型叶类之间，形状多种多样，有圆形、卵形、椭圆形、心脏形、肾形、三角形、菱形、扇形、掌状形、马褂形、匙形等类别，多数阔叶树属此类型。

（3）大型叶类

叶片巨大，但整个树上叶片数量不多。大型叶树的种类不多，其中又以具有大中型羽状或掌状开裂叶片的树木为多，如苏铁科、棕榈科的许多拽钝以及泡桐等。它们多原产于热带湿润气候地区，有秀丽、洒脱、清疏的观赏特征。

此外，叶缘锯齿、缺刻以及叶片上的绒毛、刺等附属物的特征，有时也可起丰富观赏内容的作用。

五、花形

花形结合花色，在视觉上才更为显著，单就花的形状，可以分作5类。

1. 细散花

花朵或花序的形体很小而不显著，形的效应微弱，略能起到丰富景观的作用，如珍珠梅等。

2. 瑶团花

花朵聚集成簇成球，形体较大，并能够起到丰富景观的效果，具有季节效应，引人注目，如大绣球等。

3. 大朵花

花朵的形体较大，欣赏价值较高，这类花往往具有雍容华贵的情调，如牡丹等。

4. 繁锦花

花开满树，盛极一时，繁华昌盛的感觉与季节的效果特别强，如栾树、七叶树等。

5. 垂序花

花序下垂，能随风而动，有飘逸、潇洒之感，如紫藤等。

六、果形

一般以"奇""巨""丰"为准。

1. 奇

以形状奇异有趣为主。如铜钱树的果实形似铜币；象耳豆的荚果弯曲，两端浑圆而相接，像耳朵一般；腊肠的果实好比香肠；秤锤树的果实如秤锤一样；紫株的果实宛若许多晶莹透体的紫色小珍珠；佛手的果实像佛手等。

2. 巨

指单体的果形较大，如柚。有的植物虽果小但果形鲜艳，果穗较大，如接骨木，也可收到"引人注目"之效。

3. 丰

指就全树而言，无论单果或果穗，均具有较多的数量，具有丰满、茂盛的观赏效果。

第二节 园林树木的色彩观赏

人在视觉上最敏感的是色彩，其次才是形体和线条等。从美学的角度，园林树木的色彩是第一性的，为园林景观的重要组成部分。

一、叶色

园林树木的叶色具有极大的观赏性，这不仅因叶色变化丰富，更是因为与花色、果色相比，叶色的群体效果显著，在一年中呈现的时间长，能起到良好的突出树形的作用。

就观赏的角度而言，树木叶色可分为以下几类。

1. 基本叶色

树木的基本叶色为绿色，这是植物长期自然进化选择的结果。由于受树种及光度的影响，树叶的绿色又有墨绿、深绿、油绿、黄绿、亮绿、蓝绿、褐绿、黑绿、茶绿等复杂差异，且会随季节而变化。大体而言，按叶色由深至浅的顺序，各类树木大致分为常绿针叶树、常绿阔叶树、落叶树，这是因为常绿针叶树叶片吸收的光大于折射出来的光，使叶色多呈暗绿色，显得朴实、端庄、厚重；常绿阔叶树叶片反光能力较强，叶色以浅绿色为主；落叶树种，多叶片扁薄，透光性强，叶绿素含量较少，叶色多呈黄绿色，不少种类在落叶前还变为黄褐色或黄色、金黄色，表现出明快、活泼的视觉特征。

① 叶色深、浓绿色，如油松、圆柏、雪松、女贞、桂花等。

② 叶色浅、淡绿色，如水杉、落羽杉、落叶松、七叶树、玉兰等。

值得注意的是，叶色的深浅、浓淡会受环境及本身营养状况的影响而发生变化，为深入掌握叶色的变化规律，观察记录时应充分考虑环境条件及植物本身的生长状况。

2. 特殊叶色

指树木除绿色外而呈现的其他叶色。特殊叶色增加了园林景观的丰富性，给观赏者以新、奇感。根据变化情况，特殊叶色又可分为以下几种类型：

（1）春色叶类及新叶有色类

对春季新发生的嫩叶有显著不同叶色的，统称为"春色叶树"，如臭椿、五角枫的春叶呈红色，黄连木春叶呈紫红色等；还有一类，不论季节，只要生长新叶，就具色彩，宛若开花的效果，统称为新叶有色类，如铁力木等。

（2）秋色叶类

凡在秋季叶子有显著变化的树种，均称为"秋色叶树"，各国园林工作者均极重视。

① 秋叶呈红色或紫红色，如鸡爪槭、五角枫、茶条槭、枫香、爬山虎、樱花、漆树、盐肤木、黄连木、柿、黄栌、南天竹、乌桕、卫矛、红槲、山楂等。

② 秋叶呈黄或黄褐色，如银杏、白蜡、鹅掌楸、梧桐、无患子、白桦、栾树、麻栎、悬铃木、胡桃、落叶松、金钱松、水杉等。

（3）常色叶类

有些树的变种或变型，其叶常见为异色，而不必待秋季来临，特称为常色叶树。全年树冠呈紫色的有紫叶小檗、紫叶李、紫叶桃等；全年叶均为金黄色的有金叶鸡爪槭、金叶雪松、金叶圆柏等；全年叶均具斑驳彩纹的有金心黄杨、变叶木、洒金桃叶珊瑚等。

（4）双色叶类

某些树种，其叶背与叶表的颜色显著不同，在微风中就形成特殊的闪烁变化的效果，这类树种特称为"双色叶树"，如银白杨、胡颓子、栓皮栎、红背桂、青紫木等。

（5）斑色叶类

绿叶上具有其他颜色的斑点或花纹，如洒金桃叶珊瑚、变叶木等。

二、枝干色

枝干为构造树体的骨架，色彩虽多，但掩盖在树叶丛中，往往不及树冠色彩明显。较淡的色彩能在色彩较深的建筑物为背景的时候被强调出来，而与建筑物相得益彰。较特殊而明显的色彩在落叶后更为突出。现将枝干有显著颜色的树种举例如下。

① 暗紫色者，如紫竹等。

② 红褐色者，如赤松、山桃、杉木等。

③ 黄色者，如金竹、黄桦等。

④ 红色者，如红瑞木等。

⑤ 绿色者，如梧桐、竹类。

⑥ 白色者，如白皮松、毛白杨、柠檬桉、白桦、悬铃木等。

⑦ 斑驳色彩者，如黄金嵌碧玉竹、木瓜、榔榆等。

⑧ 灰色、褐色者，一般树种多为此种色泽。

三、花色

主要指花冠或花被的颜色。也有些种类，如珙桐、叶子花、一品红等，引人注目的是苞片的颜色。我国花木种类众多，花色极为丰富，但一般而言，在花期一致、花与花序所占的比重较大时，花色会更为突出地表现出来，达到极一时之灿烂的景观效果。

从大类上分，花色有单色与复色两大类。前者较为普遍，数量众多；后者多为人工培育的品种，情况较复杂。例如有些品种在同一朵花的花瓣间颜色有异或在同一花瓣上呈现多种镶嵌色，在同一植株上，由于芽变等原因，开出几种颜色截然不同的花等，这些无疑会增添欣赏上的奇趣。此外，有些树木的花色，在开花期间会不断发生变化。例如木绣球，在初花期花色为翠绿色，盛花期为白色，到开花后期变为蓝紫色；木芙蓉在开花过程中，花色也发生由白转红的变化，具有较高的观赏价值。花色可分为如下类型。

1. 隐色花

花部的色彩在色调本身或在同枝叶的对比上并不显著，对游赏者的吸引力不大，所以一般这类花不能在园林中发挥花色的效果。

2. 淡色花

花色淡素，效果不是很强，但在夏日也具有一定的观赏效果。

3. 艳色花

花色艳丽、显著，最宜与春景的新绿、嫩红相搭配。万紫千红在情调上是富丽的，至于秋江冷艳，也很能打破寂寞。

4. 异色花

花色特殊，四季都能引人注目，配置在园林的局部，有强调这一局部的作用。

四、果实芽苞色

果实和芽苞的色彩在园林中所起的效应与花类似，能使园林内容更丰富，而果实的颜色有着更重要的观赏意义。由于自然界里许多树木的果实，都是在草木枯萎、花凋叶落、景色单调的秋冬季成熟，此时，果实累累，满挂枝头，能给人以丰盛、美满的感受，为园林景观增色添彩。"一年好景君须记，正是橙黄橘绿时"，苏轼这首诗描绘出一幅美妙的景色，这正是果实的色彩效果。现将各种果色的树木分列如下。

1. 果实呈红色

如桃叶珊瑚、小檗类、平枝栒子、山楂、冬青、枸杞、火棘、花楸、樱桃、郁李、欧李、麦李、枸骨、金银木、南天竹、珊瑚树、紫金牛、柿、橘等。

2. 果实黄色

如银杏、杏、瓶兰、柚、佛手、金柑、枸橘、木瓜、梨、贴梗海棠、沙棘、南蛇藤等。

3. 果实呈蓝紫色

如紫珠、葡萄、十大功劳、李、蓝果忍冬、桂花、白檀等。

4. 果实呈黑色

如小叶女贞、小蜡、刺楸、女贞、五加、毛株、鼠李、君迁子、金银花、黑果忍冬等。

5. 果实呈白色

如红瑞木、芫花、雪果、湖北花楸等。

五、其他色

很多树木的刺毛等附属物也有一定的观赏价值。如楤木属植物多被刺与绒毛。红毛悬钩子小枝密生红褐色刺毛，并疏生皮刺；红泡刺藤茎紫红色，密被粉霜，并散生钩状皮刺。峨眉蔷薇小枝密被红褐刺毛，紫红色皮刺基部常膨大，其变型翅刺峨眉蔷薇皮刺极宽扁，常近于相连而成翅状，幼时深红，半透明，尤为可观。

园林树木色彩的调配与应用是多种多样的，但在风景园林种植设计中，色彩的运用不外乎两种方式：一种是完全只用某一种色调，如单纯树丛或树群、稳定树丛等，以创造整齐划一、简洁壮观的气氛，以少取胜，运用手法较为简单；另一种是选择一种主色调，形成较大的色块，构成基调色，用其他有对比的辅助色加以点缀渲染，烘托气氛。如在以常绿的雪松为背景的树丛中，适当配植海棠花、紫薇等花灌木或其他色叶树种，即可形成"万绿丛中一点红"的观赏效果，使树丛的轮廓线更鲜明，平、立面层次更丰富。

第三节 园林树木的动态观赏

植物是城市环境中唯一具有生命力的基础设施，在园林造景中呈现出不同的季相变化、生长序列变化，且常变常新。因此，我们说，园林树木具有丰富的动态美。

一、园林树木的生态演变

1. 生长

生长是树木不同于建筑、山水地形、广场与道路、园林小品等构成要素的主要特点。植物的生长必然会引起形体、色彩、姿态与组织等一系列特性的时空变化。园林设计中应充分考虑植物生长对造景的影响，以便在植物生长发育的不同阶段，均能获得优美的景观效果。

2. 荣枯

随着季节的更替，落叶树木萌芽、展叶、开花、结实，荣枯变化，呈现出鲜明的季相特征。

常绿树虽四季常青，但叶色也会随物候的改变而有很大不同。树木的荣枯也是园林景观欣赏的重要方面。

3. 树龄

树龄是生长的必然结果。相对而言，具有一定树龄的植株常常更能充分展现树木之美，成为园林工程施工的首选。古树名木存在于园林中，不仅体现了雄伟、古老、苍劲的特点，而且充分彰显了园林的悠久历史，引人遐思。

二、园林树木的风致

1. 含烟带雨

树木掩映于或浓或淡的云雾中，枝、叶、花朵上落有雨珠、露珠，则往往使其更具风韵。

2. 阴重凉生

树木的阴影常给人清凉的感觉，在夏季尤受欢迎，也可增加景物的层次，使视觉效果更加丰富。阳光透过树叶落在地面上，还可形成光影变幻的景观效果。

3. 雪依冰映

枝条上的积雪、雾凇、树挂，均可使树木更加妍丽，同时又能呈现出地域、季相的特色，是难得一见的植物景观。

三、园林树木的感应

1. 光影

反光是园林树木接受日光而引起的效果，叶面的朝向一致，叶面光滑，蜡质层或角质层较厚的都有较强烈的反射作用。这种光影的变幻，可使景物更加人性化，具有感性色彩，产生迷离与梦幻的效果。

2. 发声

"雨打芭蕉""听松"等中国传统造园常见的景观，运用的就是植物发声的原理。植物的发声一般是受到外界环境条件的影响，如风、雨的吹打而产生的效果，同时又因风雨的强度而呈现出不同的声音效果。当气流细小而通过植物叶片时，叶片相互撞击而发出萧瑟之音，有凄清悲凉的情调；气流较大且穿过植物群植时，则能发出犹如波涛涌动的声音，配合游客的心理活动，起到增加气氛、引人入胜的作用。

3. 生姿

摇曳生姿一直是文人对树木尤其是开花树木的赞美之词。当树木柔软的枝条、花叶随风轻摆，姿态随之生动起来，作为审美主体的游人难免不由衷地赞赏。

第四节　园林树木的芳香欣赏

园林树木的芳香欣赏包括花香、果香、枝叶香等方面。

一般而言，园林树木花朵的大小和色彩虽不甚明显，但能较远距离地散发着馥郁的香气。以花的芳香而论，目前虽无一致的标准，但可分为清香（如茉莉）、甜香（如桂花）、浓香（如白兰花）、淡香（如白玉兰）、幽香（如树兰）。不同的芳香会引起人不同的反应，有的使人兴奋，有的却引人反感。在园林中，许多国家常有所谓"芳香园"的设置，即利用各种香花植物配植而成。

相比花香而言，果香和枝叶香不太明显。果香是指果实成熟后散发出的淡淡的香味，枝叶香则往往是特殊的植物种类才具有，如清香木、香樟等。

第五节　园林树木的意境欣赏

意境美统称风韵美、内容美或象征美，即树木具有的一种比较抽象却是极富思想感情的美。最为人们所熟知的如松、竹、梅被称为"岁寒三友"，象征着坚贞、气节和理想，代表着高尚的品质。其他如松、柏因四季常青，又象征着长寿、久远；紫荆因古老的传说而象征着兄弟团结、家庭和睦；红豆表示相思、恋念；而对于杨树、柳树，有"白杨萧萧"表示惆怅、伤感及"垂柳依依"表示感情上绵绵不舍、惜别等。从欣赏植物景观形态美到意境美，是欣赏水平的升华，不但含义深远，而且达到了天人合一的境界。

树木意境美的形成是比较复杂的，它与民族文化传统、各地的风俗习惯、文化教育水平、社会的历史发展等有关。中国具有悠久的历史、灿烂的文化，在欣赏、讴歌大自然中的植物美时，曾将许多植物的形象美概念化或人格化，赋予丰富的情感。事实上，不仅中国如此，其他国家亦有此情况，例如，日本人对樱花的感情，每当樱花盛开的季节，男女老幼载歌载舞，举国欢腾；加拿大以糖槭树象征着祖国大地。

树木的意境美多是在文化传统中逐渐形成的，但它并不是一成不变的，而是可以随着时代的发展而变化的。如古代总是受文人"疏影横斜"的影响，认为梅花带有孤芳自赏的气质，而现在人们却以"待到山花烂漫时，她在丛中笑"这样富有积极意义和高尚理想的内容去转化它。

总之，园林工作者应善于继承和发展树木的意境美，将其巧妙地运用于树木的配植艺术中，充分发挥树木美对人们精神文明的促进作用。

复习思考题

1. 园林树木常见的树冠形态有哪几种？
2. 园林树木常见的干形有哪几种？
3. 如何描述园林树木叶的形态？
4. 调查当地主要的彩叶树种，列出名录。

第三章　园林树木的生物学特性

第一节　生物学特性的概念

园林树木在漫长的历史发展过程中，逐步形成了自身的生长发育规律。园林树木的生物学特性就是指园林树木本身固有的生长发育规律，如根、茎、叶的生长，花果种子发育、分蘖或分枝特性、开花习性、结果传播种子的特征等，是树木与生俱来的特有的内在品质。

研究树木的生长发育规律，对正确选用树种和制定栽培技术，有预见性地调节和控制树木的生长发育，做到快速育好苗，使其在移植成活并健壮生长的基础上，充分发挥园林绿化功能，有十分重要的意义。例如在不同年龄阶段的不同生长期应采取哪些养护措施，使其提早或延迟开花和防止早衰、古树更新复壮等都有重要的指导意义。

第二节　园林树木的生命周期

园林树木的生命周期是指园林树木从种子形成、生根发芽、生长、开花、结实到衰亡的整个过程。

为了更好地研究和栽培利用园林树木，可将园林树木的生命周期划分成不同的生长发育阶段。以种子繁殖的树木为例，可划分为种子期、幼年期、青年期、成年期和衰老期。

一、种子期

从母树上产生的种子，是延续种群最重要的物质基础，是树木生命周期的起点。产生优良品质的种子，是培育优良树木的基础。不同树种的种子，大小、形状、保持活力时间的长短均有差异，同时种子从采集到播种要经过很多的环节，如调制、贮藏、种子处理、播种等，每个环节对培育园林树木都是重要的，处理不当就可能使种子受害，产生不良后果。

树木产生种子，是长期自然选择的结果，是树木延续家族的需要。这一时期，对于园林树木的栽培管理工作来说，主要任务是促进种子形成、安全贮藏和在适宜的环境条件下播种并使其顺利发芽。

二、幼年期

从种子萌发形成幼苗到树木第一次开花结果的这段时期。

幼年期是园林树木生命力最旺盛的时期。树木在高度、冠幅、根系长度和根幅方面生长很快，体内逐渐积累起大量的营养物质，为从营养生长转向生殖生长打下基础。

幼年期持续时间的长短主要与树种遗传特性有关。绝大多数树种需要较长时间。如"桃三、杏四、李五"，悬铃木、国槐大约10年；有些树木幼年期长达20～40年，如银杏、云杉、冷杉等。也有少数园林树木种类如紫薇、月季等当年播种当年即可开花。树木幼年期的长短还受繁殖方法的影响：有性繁殖的树木，通常幼年期较长，而一些无性繁殖的树木，若母株已达到成年时期，繁殖成活后，便能很快开花结实。

在幼年期，园林树木的遗传性尚未稳定，易受外界环境的影响，可塑性较大。所以，在此期间应根据园林建设的需要搞好定向培育工作，如养干、促冠、培养树形等。园林中的引种、驯化也适宜在此期进行。

三、青年期

从第一次开花至花、果性状逐渐稳定时的这段时期。青年期内树木的离心生长仍然较快，生命力亦很旺盛，但花和果实尚未达到本品种固有的标准性状。此时期树木能年年开花结实，但数量较少。

青年期的树木，遗传性已渐趋稳定，有机体可塑性已大为降低。所以在此期的栽培养护过程中，应给予良好的环境条件，加强肥水管理，使树木一直保持旺盛的生命力，加强树体内营养物质积累。花灌木应采取合理的整形修剪，调节树木长势，培养骨干枝和丰满优美的树形，为壮年期的大量开花结实打下良好基础。

为了使青年期的树木多开花，不能采用重修剪。过重修剪会从整体上削弱树木的生长量，减少光合产物的积累，同时又在局部上刺激部分枝条进行旺盛的营养生长，新梢生长较多，会大量消耗贮藏养分。应当采用轻剪，在促进树木健壮生长的基础上促进开花。

四、成年期

从大量开花结果经结果盛期到稳定结果的这段时期。

成年期树木不论是根系还是树冠都已扩大到最大限度，树木各方面已经成熟，植株粗大，花、果数量多，花、果性状已经完全稳定，并充分反映出品种的固有性状。树木遗传保守性最强，性状最为稳定，对不良环境的抵抗性最强。树冠已定型，处于观赏的盛期，经济效益最高。壮年期的后期，骨干枝的离心生长停止。

维持树木旺盛的生长发育、防止树木早衰、延长树木观赏时期是壮年期树木栽培养护工作的重点。为此，要加强土、肥、水管理和整形修剪等措施，使其继续旺盛生长，避免早衰。

五、衰老期

从树木生长发育显著衰退到死亡的这段时期。

衰老期树木生长势减弱，出现明显的"离心秃裸"现象，树冠内部枝条大量枯死，丧失顶端优势，树冠"截顶"，光合能力下降；根系以离心方式出现"自疏"，吸收功能明显下降。此时，树木开花结实量大为减少，树体对逆境的抵抗力差，极易遭受病虫及其他不良环境条件的危害导致死亡。

衰老期树木栽培养护的任务是：加强土肥水管理，采取修剪和防治病虫害等措施，以维持树木的长势或帮助更新和复壮。

不同类别树种更新方式和特点不同，有些乔木无潜伏芽，不能进行向心更新，如松树。有些树种只有顶芽而无侧芽，只能进行离心生长不能进行向心更新，如棕榈。有些乔木既能靠潜伏芽更新，又能由根系更新。

需要指出的是，由营养繁殖而来的树木，没有种子期和幼年期（或幼年期很短），因为用营养繁殖的材料一般发育阶段较老，已通过幼年期（从幼年母树或根萌条上取的枝条除外），只要环境适宜，就能很快开花，一生只经历青年期、壮年期和衰老期。

第三节　园林树木的年周期

园林树木在一年的生长发育过程中呈现出的规律性变化称为年生长周期，简称年周期。在年周期中，因受环境条件的影响，树木内部生理机能发生改变的同时，外观形态也出现相应变化，如休眠、发芽、开花、结果、落叶等。树木的各个器官随季节性气候变化而发生的形态变化称为树木的物候。树木在一年中随着气候变化各生长发育阶段开始和结束的具体时期，称为树木的物候期，亦即物候的阶段性划分。物候是树木年周期的直观表现，可作为树木年周期划分的重要依据。

一、年周期

根据树木地上部分在一年中生长发育的规律及其物候特点，可将园林树木的年周期划分为如下几个时期。

1. 生长初期（休眠转生长过渡期）

从春季树液流动至萌芽的这一时期。萌芽常作为树木生长开始的标志，萌芽、发叶的早晚与快慢除取决于树种特性外，还与温度、营养、水分和原产地有关。许多树种萌芽的起始温度大致为 $3\sim5℃$，落叶树萌芽几乎全部是利用上年储藏在枝、干内的营养，对土壤中的无机养分与水分吸收甚少，萌芽前应先施足基肥。原产南方的树木，萌芽生长需要较高的温度，如果种植地北移，萌芽期会相应延迟。

生长初期，树木依靠树体本身储藏的营养物质和根系的吸收作用。只要气温回升迅速，适当增加灌水、补给稀薄追肥即可。处于生长初期，树木已经解除休眠，抗寒能力较弱，在一些地区应注意倒春寒与春旱的不良影响。生长初期，树木的光合效能还不太高，总的生长量相对较小。

2. 生长期

从树木萌芽发新叶至枝梢生长停止的这一时期。在生长盛期，树木的叶面积达到最大，叶亮达到最大，叶色浓绿，含叶绿素多，有很强的同化能力，枝、干的加长和加粗生长均十分显著，新梢上形成的芽也较饱满。

生长盛期伴随温度的升高，代谢旺盛，树木对水、肥的需求量很大，在中耕除草、防治病虫害的同时，应增施追肥，加强灌溉，为树木的高效生长创造良好的环境条件。

3. 生长末期（生长转休眠过渡期）

从树木的停止生长至落叶的这一时期。随着气温的逐渐下降，叶片光合作用不及呼吸作用，组织结构老化衰退，体内营养物质变为贮藏状态，不断由叶向芽、枝干及根系转移，枝梢不断加粗和加重木质化程度，落叶树叶片则开始变色脱落，冬芽逐渐充实形成；常绿树叶片的角质化和蜡质化加重。

在生长末期，树木尚未完全进入休眠状态，切忌土壤中水分、养分，特别是氮肥的大量供给，尤其是在温度的反复回升下，以免使树木回转到生长状态。但适量的磷、钾肥供给，有助于枝梢的木质化和营养物质的运输转移，增强树木的抗寒能力。

4. 休眠期

从树木落叶至萌芽前的一段时期。休眠期内，树木体内新陈代谢活动进行得十分微弱、缓慢，落叶树的叶子已全部脱落，树木的物候几乎没有变化。

追肥已无必要，但施入基肥，则有利于翌年萌芽、开花与生长。休眠期为树木在一年中对外界环境抗性最强的阶段，适宜进行移栽、整形修剪，其他许多冬季管理工作也应抓紧实施。

二、园林树木的物候观测

1. 物候观测的意义

我国是世界上最先从事物候观测的国家之一，至今还保存有800多年前的物候观测资料。物候观测不仅在气候学、地理学、生态学等学科领域内具有重要意义，在园林植物栽培中也有重要作用，主要表现在：

1）掌握树木的季相变化，为园林树木种植设计，树种选配，形成四季景观提供依据。

2）为园林树木栽培（包括繁殖、栽植、养护与育种）提供生物学依据。如确定繁殖时期；确定栽植季节与先后、树木周年养护管理（尤其是花木专类园）、催延花期等；根据开花习性进行亲本选择与处理，有利杂交育种；不同品种特性的比较试验等。

做好物候观测预报，能使园林树木的应用和管理达到科学性与艺术性的统一，以更好地发挥园林树木的功能。

2. 物候观测的方法

根据《中国物候观测方法》一书提出的基本原则，结合园林树木的特点，主要应做好以下几个方面的工作。

① 观察点的选定，选择观察点要有一定代表性，能进行多年观测，不致轻易移动。观测的年代越长，资料越珍贵。观测点选定后，要将地点、树种名称、生态环境、地形、位置、土壤等情况详细记载。对观测地点的情况如地理位置、行政隶属关系、海拔、土壤、地形等应做详细记载。观测地点应多年不变。

② 确定观测对象，根据观测的目的要求，选定物候观测树种。新栽树木物候表现多不稳定，

通常以露地正常生长多年的树木为宜，同地同种树木宜选3~5株为观测对象，并观测树冠南面中、上部外侧枝条。同时对观测植株的情况，如树种或品种名、起源、树龄、生长状况、生长方式（孤植或群植等）、株高、冠幅、干径、伴生植物种类等加以记载，必要时还需绘制平面图，对观测植株或选定的观测标准枝，应做好标记。观察地点应多年不变。

此外，树木在不同的年龄阶段，其物候表现可能有差异，因此，选择不同年龄的植株同时进行观测，更有助于认识树木的生长发育规律，缩短研究的时间。

③ 确定观测时间与年限，观测时间应以不失时机为原则，在物候变化大的时候如生长旺期等，观测时间间隔宜短，可每天或2~3天观测一次，若遇特殊天气，如高温、低温、干旱、大雨、大风等，应随时观测；反之，间隔期可长。一天中宜在气温最高的下午两点钟前后观测。在可能的情况下，观测年限宜长不宜短，一般要求3~5年。年限越长，观测结果越可靠，价值更大。

④ 确定观测人员，长期的物候观测工作常会使人感到单调，因此，要求观测人员必须认真负责，能持之以恒。同时还应具备一定的基础知识，特别是生物学方面的知识。在观测人员众多时，应事先集中培训，统一标准和要求，人员宜固定。

⑤ 观测记录与资料的整理，物候观测必须边观测边记录，个别特殊表现要附加说明。不应仅是对树木物候表现时间的简单记载，有时还要对树木有关的生长指标加以测量。观测资料要及时整理，分类归档。对树木的物候表现，应结合当地气候指标和其他有关环境特征，进行定性、定量的分析，寻找规律，建立相关联系，撰写出树木物候观测报告，以更好地指导生产实践。

3. 物候观测的内容

物候观测的内容常因物候观测的目的要求不同，而有主次、详略等变化。如为了确定树木最佳的观花期或移植时间，观测内容的重点将分别是树木的开花期和芽的萌动或休眠时期等。树木物候表现的形态特征因树种而异，因此应根据具体树种来确定物候期划分的依据与标准。下面就一般情况，介绍树木地上部分的物候观测内容。

① 树液流动开始期，以树木新伤口出现水滴状分泌液来确定，如核桃、葡萄等。

② 萌芽期，指春季树木的花芽或叶芽开始萌动生长的时期，萌芽为树木最先出现的物候特征。按芽萌动的程度，萌芽期可大致划分为：芽膨大变色期（芽萌动初期）、芽开放期。

萌芽期的到来，标志着树木开始了一年的生长。利用芽萌动与休眠的时间，可以计算树木生长期长短，有助于确定树木的年生长量和判断树木引种成功的可能性；此外，萌芽期还是确定树木合理栽培时间的重要依据，许多树木宜在芽萌动前1~2周栽植。

③ 发叶期，可大致分为发叶始期、发叶初期、发叶盛期、完全叶期。

落叶树载叶期的长短，是选择庭阴树的依据之一。发叶期经历的时间，与树种及立地条件密切相关，如单叶及叶片较小的阔叶树常较复叶、叶片较大的种类发叶速度快；所处环境条件好的树木，发叶早而快。

④ 抽梢期，指从叶芽萌抽新梢到封顶形成休眠顶芽所经历的时间。除观测记载抽梢的起止日期外，还应记载抽梢的次数，选择标准枝测量新梢长度、粗度，统计节数与芽的数量，注意抽、分枝的习性。对苗圃培育的幼苗（树），还应测量统计苗高、干径与分枝数等。

抽梢期为树木营养生长旺盛时期，对水、肥、光需求量大，因此，是培育管理的关键时期之一。

⑤ 开花期，指树上出现第一朵或第一批完全开放的花到树体上已无新形成的花，大部分花完

全凋谢，有少量残花时止。可大致分为始花期、初花期、盛花期、末花期、谢花期，有的树种还有多次开花期。

了解树木的花期与开花习性，有助于安排杂交育种和树木配置工作。开花期间的花色、花量与花香的变化，有助于确定最佳观花期。

⑥ 果实期，从坐果至果实成熟脱落为止。常观测两个时期：果熟期和脱落期。

对观果树木，通过对果熟期和脱落期的观测，有助于确定最佳观果期；对非观果、非采种树木，在可能的情况下，可在坐果的初期及时摘除幼果，以减少养分消耗。

⑦ 秋叶变色期，通过对秋色叶期的观测，有助于确定最佳秋叶观赏期。需要注意观察记录在秋季叶色的微妙变化：大致划分为秋色叶始期、初期、盛期及全秋色叶期。树体上的叶可能全部也可部分呈现秋色，全部叶变为秋色的速度在种类间存在差异，因此，划分的标准难以统一规定。但常见的情况是，树冠内部及下部的叶变色早而快。

⑧ 落叶期，主要指落叶树在秋、冬季正常自然落叶的时期。常绿树的自然落叶多在春季，与发新叶交替进行，无明显落叶期。

需要说明的是，尽管因受树种遗传规律的制约，各个物候的外在表现应有一定的先后顺序性。但若在水、热条件充足的地区，树木能四季生长，在同一株树上，会出现开花与结果、萌芽与落叶并见的现象；或因树体结构的复杂性及生长发育差异性的影响，也可能在树木不同部位的物候表现不完全一致，而使树木物候的情况变得复杂。所以以上介绍的物候的排列顺序，并不代表各树木物候表现的先后，也不是全部树木都有以上物候表现。实际上，物候观测的内容及各物候表现的特征，应根据物候观测的目的和特定树种而定，允许有所变动。

第四节　园林树木各器官的生长发育

树木是由多种不同器官组成的一个统一体。为了深入地掌握和控制树木的生长发育，必须了解各器官的生长习性及其相互关系。在树木栽培实践中，通常把树木的树体分为地上和地下两大部分；地上部分与地下部分的交界处为根颈。地上部分包括茎干、枝条及芽、叶、花、果等；地下部分则为根系。了解树木根系的生长发育规律及其与地上部分的关系，对采取相应栽培措施来促进或控制根系的生长，进而促进或抑制地上部分的生长发育有重要意义。

一、根系的生长

根系是树木的重要器官，它除了把植株固定在土壤之内、吸收水分、矿质养分和少量的有机物质以及贮藏一部分养分外，还能将无机养分合成为有机物质，如将无机氮转化成酰胺、氨基酸、蛋白质等。根还能合成某些特殊物质，如激素（细胞分裂素、赤霉素、生长素）和其他生理活性物质，对地上部分生长起调节作用。根在代谢过程中分泌酸性物质，能溶解土壤养分，使其转化变成易溶解的化合物。根系的分泌物还能将土壤微生物引到根系分布区来，并通过微生物的活动将氮及其他元素的复杂有机化合物转变为根系易于吸收的类型。许多树木的根与根菌可共生以增加根系吸水、吸肥、固氮的能力，从而对植物地上部分的生长起刺激作用。另外，还可以利用根系来繁殖和更新树体。根深叶茂不仅客观地反映出了树木地下部分与地上部分的密切关系，也是对树木生长发育规律和栽培经验的总结。

园林树木的根系根据其发生与来源可分为实生根系、茎源根系（用茎繁殖形成的不定根）和根蘖根系（根形成不定芽后分株繁殖个体的根系）。正常情况下，树木根系生长在土壤中，但有少数树种，如榕树、红树、水松、薜荔、常春藤等，为适应特定环境的需要，常产生根的变态，在地面上形成支柱根、呼吸根、板根或吸附根等气生根，在园林观赏上也有一定的价值。

1. 根系的年生长周期

根系的年生长有较明显的周期性，生长与休眠交替进行，各器官中根系生长在先。由于树木的根系庞大，分布范围广，功能多样，即使在生长季，一棵树的所有根也并非在同一时间内都生长，而是一部分根生长时，另一部分根可能呈静止状态，使根的生长情况变得更复杂。例如，在有些树根系的垂直分布深度内，中上层土温受气温影响变化大，使其中的根系生长出现季节性波动，但下层土温变化小，往往能使根系常年都处于生长状态。

根系的活动除受树木体内的机制控制外，在很大程度上还受土温的影响。与树体地上部分芽萌动和休眠相比，通常根系春季提早生长，秋季休眠延后，这样很好地满足了地上部分生长对水分、养分的需求。在春末与夏初之间以及夏末与秋初之间，不但温度适宜根系生长，而且树木地上部分运输至根部的营养物质量也大，因而在正常情况下，许多树木的根系都在一年中的这两个时期分别出现生长高峰。在盛夏和严冬时节，土壤分别出现极端的高温和低温，抑制根系活动。尤其在夏季，根系的主要任务是供给蒸腾耗水，于是根系的生长相应处于低谷，有的甚至停止生长。不过，实际情况可能更复杂。生长在南方或温室内的树木，根系的年生长周期多不明显。

2. 根系的生命周期

从生命活动的总趋势看，树根的寿命应与该树种的寿命长短相一致。长寿命树种，如牡丹，根能活三四百年。但根的寿命受环境条件的影响很大，并与根的种类密切相关。不良的环境条件，如严重的干旱、高温等，会使根系逐渐木质化，加速衰老，丧失吸收能力。一棵树的根，寿命由长至短的顺序大致是，支持根、贮藏根、运输根、吸收根。许多吸收根，特别是根毛，它们对环境条件十分敏感，存活的时间很短，有的仅存活几小时，处于不断的死亡与更新的动态变化之中。当然，也有部分吸收根能继续增粗，生长成侧根，进而变为高度木质化的、寿命几乎与整个植株的寿命相当的永久性支持根。但对多数侧根来说，一般寿命为数年至数十年。

研究表明，根系的生长速度与树龄有关。在树木的幼年期，一般根系生长较快，常常超过地上部分的生长，并以垂直向下生长为主，为以后树冠的旺盛生长奠定基础，所以，壮苗应先促根。树冠达最大时，根幅也最大。至此，不仅根系的生物量达最大值，而且在此期间，根系的功能也不断地得到完善和加强，尤其是根的吸收能力显著提高。随着树龄的增加，根系的生长趋于缓慢，并在较长时期内与地上部分的生长保持一定的比例关系，直到吸收根完全衰老死亡，根幅缩小，整个根系结束生命周期。

3. 影响根系生长的因素

树木根系的生长没有自然休眠期，只要条件适宜，就可全年生长或随时由停顿状态迅速过渡到生长状态。其生长势的强弱和生长量的大小，随土壤的温度、水分、通气和树体内营养状况以及其他器官的生长状况而异。

① 土壤温度。树种不同，开始发根所需的土温也不一致。一般原产温带寒地的落叶树木需要

温度低；而热带亚热带树种所需温度较高。根的生长都有最佳温度和上、下限温度。一般根系生长的最佳温度为15～20℃，上限温度为40℃，下限温度为5～10℃。温度过高或过低对根系生长都不利，甚至会造成伤害。由于不同深度土壤的土温随季节变化不同，分布在不同土层中的根系活动也不同，以我国长江流域为例，早春土壤解冻后，离地表30cm以内的土温上升较快，温度也适宜，表层根系活动较强烈；夏季表层土温过高，30cm以下土层温度较适合，中层根系较活跃。90cm以下土层，周年温度变化较小，根系往往常年都能生长，所以冬季根的活动以下层为主。

② 土壤湿度。根系的生长与土壤湿度也有密切关系。土壤含水量达最大持水量的60%～80%时，最适宜根系生长。过干易促使根系木栓化和发生自疏；过湿则影响土地通透性而使树木缺氧，抑制根的呼吸作用，导致根的停长或烂根死亡。

③ 土壤通气。土壤通气对根系生长影响很大。通气良好条件下的根系密度大、分枝多、须根也多。通气不良时，发根少，生长慢或停止，易引起树木生长不良和早衰。城市由于铺装路面多、市政工程施工夯实以及人流踩踏频繁，造成土壤坚实，影响根系的穿透和发展。城市环境中的这类土壤内外气体不易交换，以致引起有害气体（二氧化碳等）的积累中毒，影响根系的生长并对根系造成伤害。

④ 土壤营养。在一般土壤条件下，其养分状况不至于使根系处于完全不能生长的程度，所以土壤营养一般不成为限制因素。但土壤营养可影响根系的质量，如发达程度、细根密度、生长时间的长短等。但根总是向肥多的地方生长，在肥沃的土壤里根系发达，细根密，活动时间长；相反，在瘠薄的土壤中，根系生长瘦弱，细根稀少，生长时间较短。施用有机肥可促进树木吸收根的发生，适当增施无机肥料对根系的发育也有好处。

根的生长与功能的发挥依赖于地上部分所供应的糖类。土壤条件好时，根的总量取决于树体有机养分的多少。叶受害或结实过多，根的生长就受阻碍，即使施肥，一时作用也不大，需要通过保叶或疏果来改善根的生长状况。

⑤ 其他因素。根的生长与土壤类型、土壤厚度、母岩分化状况及地下水位高低都有密切的关系。

4. 根系的分布

在适宜的土壤条件下，树木的多数根集中分布在地下40～80cm深范围内；具吸收功能的根，则分布在20cm左右深的土层中。就树种而言，根系在地下分布的深浅差异很大。有些树木，如直根系和多数乔木树种，它们的根系垂直向下生长特别旺盛，根系分布较深，常被称为深根性树种；主根不发达，侧根水平方向生长旺盛，大部分根系分布于上层土壤的树木，如部分须根系和灌木树种，则被称为浅根性树种。深根性树种能更充分地吸收利用土壤深处的水分和养分，耐旱、抗风能力较强，但起苗、移栽难度大。生产上，多通过移栽、截根等措施，来抑制主根的垂直向下生长，以保证栽植成活率。浅根性树种则起苗、移栽相对容易，并能适应含水量较高的土壤条件，但抗旱、抗风及与杂草竞争力较弱。部分树木根系因分布太浅，随着根的不断生长挤压，会使近地层土壤疏松，并向上凸起，容易造成路面的破坏。园林生产上，可以将深根性与浅根性树种进行混交，利用它们根系分布上的差异性，取长补短，以达到充分利用地下空间及水分和养分的目的。

至于根系的水平分布范围，在正常情况下，多数与树木的冠幅大小一致。例如，树木的大部分吸收根，通常主要分布在树冠外围的圆周内，所以，应在树冠外围在地面的水平投影处附近挖掘施肥沟，才有利于养分的充分吸收。

根系在土壤中的分布状况，除取决于树种外，还受土壤条件、栽培技术措施及树龄等因素影响。许多树木的根系，在土壤水分、养分、通气状况良好的情况下，生长密集，水平分布较近；而在土层浅、干旱、养分贫瘠的土壤中，根系稀疏，单根分布深远，有些根甚至能在岩石缝隙内穿行生长。用扦插、压条等方法繁殖的苗木，根系分布较实生苗浅。树木在青、壮年时期，根系分布范围最广。此外，由于树根有明显的趋肥、趋水特性，在栽培管理上，应提倡深耕改土，施肥要达到一定深度，诱导根系向下生长，防止根系"上翻"，以提高树木的适应性。

二、芽的生长

1. 芽的概念与功能

芽是多年生植物为适应不良环境条件和延续生命活动而形成的一种重要器官。它是带有生长锥和原始小叶片而呈潜伏状态的短缩枝或是未伸展而紧缩的花或花序，前者称为叶芽，后者称为花芽。所有的枝、叶、花都是由芽发育而成的，芽是枝、叶、花的原始体。

芽与种子有部分相似的特点，是树木生长、开花结实、更新复壮、保持母株性状、营养繁殖和整形修剪的基础，了解芽的特性，对研究园林树木的树形和整形修剪都有重要的意义。

2. 芽的特性

① 定芽与不定芽。树木的顶芽、腋芽均发生有一定的位置，称为定芽。在根插、重剪或老龄的枝、干上常出现一些定芽之外位置不确定的芽，称为不定芽。不定芽常用作更新或调整树形。老树更新有赖于枝、干上的潜伏芽、不定芽萌发的枝条来进行更新。

② 芽序。定芽在枝上按一定规律排列的顺序称为芽序。因为定芽着生的位置是在叶腋间，所以芽序与叶序相同。不同树种其芽序不同：有芽序互生的，如葡萄、榆树、板栗等；芽序对生（芽相对而生于每节）的，如腊梅、丁香、白蜡等；芽序为轮生（芽在枝上呈轮状着生排列）的，如楸树、绣球、夹竹桃等。有些树木的芽序，也因枝条类型、树龄和生长势的不同而有所变化。

树木的芽序与枝条的着生位置和方向密切相关，所以了解树木的芽序对整形修剪、安排主侧枝的方位等有重要的作用。

③ 萌芽力与成枝力。树木母枝上叶芽的萌发能力，称为萌芽力，常用萌芽数占该枝芽总数的百分率（萌芽率）来表示。各树木品种的萌发力不同。有的强，如松属的许多种、紫薇、桃、小叶女贞、女贞等；有的较弱，如梧桐、核桃、苹果和梨的某些品种等。凡枝条上的叶芽有一半以上能萌发的则为萌芽力强或萌芽率高，如悬铃木、榆树、桃等；凡枝条上的芽多数不萌发，而呈现休眠状态的，则为萌芽力弱或萌芽率低，如梧桐、广玉兰等。萌芽率高的树种，一般来说耐修剪，树木易成形。因此，萌芽力是修剪的依据之一。

枝条上的叶芽萌发后，并不是全部都能抽成长枝。枝条上的叶芽萌发后能够抽成长枝的能力称为成枝力。不同树种的成枝力不同，如悬铃木、葡萄、桃等萌芽率高，成枝力强，树冠密集，幼树成形快，效果也好。这类树木若是花果树，则进入开花结果期也早，但也会使树冠过早郁闭而影响树冠内的通风透光。若整形不当，易使内部短枝早衰；而如银杏、西府海棠等，成枝力较弱，所以树冠内枝条稀疏，幼树成形慢，遮阴效果也差，但树冠通风透光较好。

④ 芽的早熟性与晚熟性。枝条上的芽形成后到萌发所需的时间长短因树种而异。有些树种在生长季早期形成的芽，当年就能萌发，有些树种一年内能连续萌生3～5次新梢并能多次开花（如月

季、米兰、茉莉等），具有这种当年形成、当年萌发成枝的芽，称为早熟性芽。这类树木当年即能形成小树的样子。

当年形成的芽，需经一定的低温时期来解除休眠，到第二年才能萌发成枝的芽称为晚熟性芽。如银杏、广玉兰、毛白杨等。

也有一些树种两种特性兼有，如葡萄，其副芽是早熟性芽，而主芽是晚熟性芽。

芽的早熟性与晚熟性是树木比较固定的习性，但在不同的年龄时期，不同的环境条件下，也会有所变化。如生长在环境条件较差的适龄桃树，1年只萌发1次枝条；具晚熟性芽的悬铃木等树种的幼苗，在肥水条件较好的情况下，当年常会萌生2次枝；叶片过早地衰落也会使一些具晚熟性芽的树种，如梨、垂丝海棠等2次萌芽或2次开花，这种现象对第二年的生长会产生不良的影响，所以应尽量防止这种情况的发生。

⑤ 芽的异质性。同一枝条上不同部位的芽存在着大小、饱满程度等的差异现象，称为芽的异质性。这是由于在芽形成时，树体内部的营养状况、外界环境条件和着生的位置不同而造成的。

枝条基部的芽，是在春初展新叶时形成的。这一时期，新叶面积小、气温低、光合效能差，故这时叶腋处形成的芽瘦小，且往往为隐芽。其后，展现的新叶面积增大，气温逐渐升高，光合效率也高，芽的发育状况得到改善，叶腋处形成的芽发育良好，充实饱满。

有些树木（如苹果、梨等）的长枝有春梢、秋梢之分，即春季一次枝生长后，夏季停长，于秋季温度和湿度适宜时，顶芽又萌发成秋梢。秋梢组织常不充实，在冬寒时易受冻害。如果长枝生长延迟至秋后，由于气温降低，枝梢顶端往往不能形成顶芽。所以，一般长枝条的基部和顶端部分或者秋梢上的芽质量较差，中部的最好；中短枝中、上部的芽较为充实饱满；树冠内部或下部的枝条，因光照不足，其上芽的质量欠佳。

了解芽的异质性及其产生的原因后，在选择插条和接穗时，就知道应在树冠的什么部位采取为好，整形修剪时也可知道剪口芽应怎样选留了。

⑥ 芽的潜伏力。树木枝条基部的芽或上部的某些副芽，在一般情况下不萌发而呈潜伏状态。当枝条受到某种刺激（上部或近旁受损，失去部分枝叶时）或树冠外围枝处于衰弱状态时，能由潜伏芽萌发抽生新梢的能力，称为芽的潜伏力（也称潜伏芽的寿命）。潜伏芽也称隐芽。潜伏芽寿命长的树种容易更新复壮，复壮得好的几乎能恢复至原有的冠幅或产量，有的甚至能多次更新，所以这种树木的寿命也长，反之亦然。如桃树的潜伏芽寿命较短，所以桃树不易更新复壮，寿命也短。

潜伏芽的寿命长短与树种的遗传性有关，但环境条件和养护管理等也有重要的影响。如桃树的经济寿命一般只有10年左右，但在良好的养护管理条件下，30年生树龄的老桃树仍有相当高的产量。

三、茎枝的生长

芽萌发后生成茎枝。多年生树木，尤其是乔木，是由茎枝的生长构成了树木的骨架主干、中心干、主枝、侧枝等。枝条的生长，使树冠逐年扩大。每年萌生的新枝上，着生叶片和花果，并形成新芽。

1. 茎枝的生长类型

树木地上部分茎枝的生长与地下部分根系的生长相反，表现出背地性的极性，多数是向上生长。茎枝一般有顶端的加长生长和形成层活动的加粗生长。禾本科的竹类不具有形成层，只有加长生长而无加粗生长，且加长生长迅速。园林树木茎枝生长大致可分为以下三种类型。

① 直立生长。茎干以明显的背地性垂直地面，枝直立或斜生于空间，多数树木都是如此。在直立茎的树木中，也有些变异类型，以枝的伸展方向可分为紧抱型、开张型、下垂型、龙游（扭旋或曲折）型等。

② 攀缘生长。茎长得细长柔软，自身不能直立，但能缠绕或具有适应攀附他物的器官（卷须、吸盘、吸附气根、钩刺等），借它物为支柱，向上生长。园林上把具有缠绕茎和攀缘茎的木本植物统称为木质藤本（简称藤木）。

③ 匍匐生长。茎蔓细长，自身不能直立，又无攀附器官的藤木或无直立主干之灌木，攀缘藤木在无物可攀时，也只能匍匐于地面生长。匍匐灌木常匍匐于地面生长，如偃柏、铺地柏等；这种生长类型的树木，在园林中常被用作地被植物。

2. 分枝方式

除少数树种不分枝（如棕榈科的许多种）外，大多数树木的分枝都有一定的规律性，在足够的空间条件下，长成不同的树冠外形。归纳起来，主要有三种分枝方式。

① 单轴分枝。枝的顶芽具有生长优势，能形成通直的主干或主蔓，同时依次发生侧枝，侧枝又以同样方式形成次级侧枝，这种有明显主轴的分枝方式称为单轴分枝。如松柏类、雪松、冷杉、云杉、水杉、银杏、毛白杨、银桦等。这种分枝方式以裸子植物为最多。

② 合轴分枝。枝的顶芽经一段时间生长后，先端分化出花芽或自枯，而由邻近的侧芽代替延长生长，以后又按上述方式分枝生长。这样形成了曲折的主轴，这种分枝方式称为合轴分枝。如成年的桃、杏、李、榆、柳、核桃、苹果、梨等。合轴分枝以被子植物为最多。

③ 假二叉分枝。具有对生芽的树木，顶芽自枯或分化为花芽，则由其下对生芽同时萌发生长所代替，形成叉状延长枝，以后照此继续分枝。其外形上似二叉分枝，因此称为假二叉分枝。如丁香、梓树、泡桐等。

树木的分枝方式不是一成不变的。许多树木年幼时呈单轴分枝，生长到一定树龄后，就逐渐变成为合轴或假二叉分枝。因而在幼、青年树木上，可见到两种不同的分枝方式，如玉兰等均可见单轴分枝与合轴分枝及其转变的痕迹。

了解树木的分枝习性，对培养观赏树形、整形修剪、提高光能利用率和促使早成花等都有重要的意义。

3. 顶端优势

树木顶端的芽或枝条比其他部位的生长占有优势的地位称为顶端优势。因为它是枝条背地性生长的极性表现，所以表现为强极性。

一个近于直立的枝条，其顶端的芽能抽生最强的新梢，而侧芽所抽生的枝，其生长势（常以长度表示）多呈自上而下递减的趋势，最下部的一些芽则不萌发。如果去掉顶芽或上部芽，即可促使下部腋芽和潜伏芽的萌发。顶端优势也表现在分枝角度上，枝自上而下开张，如去除先端对角度的控制效应，则所发侧枝又垂直生长。另外还表现在树木中心干生长势比同龄主枝强，树冠上部枝比下部的强。一般乔木都有较强的顶端优势，越是乔化的树种，其顶端优势也越强，反之则弱。

4. 干性与层性

树木中心干的强弱和维持时间的长短，称为树木的干性，简称干性。

顶端优势明显的树种，中心干强而持久。凡是中心干明显而坚挺、并能长期保持优势的，则称为干性强。这是乔木树种的共性，即枝干的中轴部分比侧生部分具有明显的相对优势。当然，乔木树种的干性也有强有弱，如雪松、水杉、广玉兰等树种干性强，而梅、桃以及灌木树种则干性弱。树木干性的强弱对树木高度和树冠的形态、大小等有重要的影响。

由于顶端优势和芽的异质性的缘故，使强壮的一年生枝产生部位比较集中，这种现象在树木幼年期比较明显，使主枝在中心干上的分布或二级枝在主枝上的分布，形成明显的层次，这种现象称为树木的层性，简称层性。

不同树种的干性和层性强弱不同。雪松、龙柏、水杉等树种干性强而层性不明显；南洋杉、黑松、广玉兰等树种干性强，层性也明显；悬铃木、银杏、梨等树种干性比较强，主枝也能分层排列在中心干上，层性最为明显。香樟、苦楝、构树等树种，幼年期能保持较强的干性，进入成年期后，干性和层性都明显衰退；桃、梅、柑橘等树种自始至终都无明显的干性和层性。

一般顶端优势强而成枝力弱的树种层性明显，如黑松、马尾松、广玉兰、枇杷等树种，具有明显的层性，几乎是一年一层，这一习性可以作为测定这些树木树龄的依据之一。此类乔木在中心干上的顶芽萌发成一强壮的延长枝和几个较壮的主枝及少量细弱侧生枝，基部的芽多不萌发，而成为隐芽。同样，在主枝上以与中心干上相似的方式，先端萌生较壮的主枝延长枝和几个自先端至基部长势递减的侧生枝。其中有些能变成次级骨干枝，有些枝较弱，生长停止早，节间短，单位长度叶面积多，生长消耗少，积累营养物质多，因而容易形成花芽，成为树冠中的开花、结实的部分。多数树种的枝基，或多或少都有些未萌发的隐芽。

有些树种的层性，一开始就很明显，如油松等；而有些树种则随树龄增大，弱枝衰退、死亡，层性才逐渐明显起来，如苹果、梨等。具有层性的树冠，有利于通风透光。但层性又随中心干的生长优势和保持年代而变化。树木进入壮年之后，中心干的优势减弱或失去优势，层性也就消失。

树木的干性与层性在不同的栽培条件下会发生一定变化，如群植能增强干性，孤植会减弱干性，人为修剪也能左右树木的干性和层性。干性强弱是构成树冠骨架的重要生物学依据。了解树木的干性与层性，对树木的整形修剪，增减树木的生长空间，提高花果的产量和质量都有重要的意义。

5. 枝干的生长特性

枝干的生长包括加长和加粗生长两个方面。生长的快慢，用一定时间内增加的长度或粗度，即生长量来表示。生长量的大小及其变化是衡量、反映树木生长势强弱和生长动态变化规律的重要指标。

① 加长生长。枝条长度的增加即为加长生长。随着芽的萌动，树木的枝、干也开始了一年的生长。加长生长并非是匀速的，而是按慢快慢的节律进行，生长曲线呈S型。加长生长的起止时间、速增期长短、生长量大小与树种特性、年龄、环境条件等有密切关系，幼年树的生长期较成年树长；在温带地区的树木，一年中枝条大多只生长一次；生长在热带、亚热带的树木，一年中能抽梢2~3次。

② 加粗生长。枝条粗度的增加即为加粗生长。树木枝、干的加粗生长都是形成层细胞分裂、分化、增大的结果。加粗生长比加长生长稍晚，其停止也稍晚。在同一株树上，下部枝条停止加粗生长比上部稍晚。

当芽开始萌动时，在接近芽的部位，形成层先开始活动，然后向枝条基部发展。因此，落叶树种形成层的开始活动稍晚于萌芽，同时离新梢较远的树冠下部的枝条，形成层细胞开始分裂的时期也较晚。由于形成层的活动，枝干出现微弱的增粗，此时所需的营养物质主要靠上年的贮备。此后，随着新梢不断加长生长，形成层活动也持续进行。新梢生长越旺盛，则形成层活动也越强烈而且时间长。秋季由于叶片积累大量光合产物，因而枝干明显加粗。

6. 影响枝梢生长的因素

枝梢的生长除决定于树种和品种特性外，还受砧木、有机养分、内源激素、环境条件与栽培技术措施等的影响。

① 品种与砧木。不同品种由于遗传性的差异，新梢生长强度有很大的变化。有的生长势强、枝梢生长强度大；有的生长缓慢，枝短而粗，即所谓短枝型；还有介于上述两者之间，称半短枝型。

砧木对地上部分枝梢生长量的影响也是明显的。同一树种和品种嫁接在不同砧木上，其生长势有明显差异，并使整体上呈乔化或矮化的趋势。

② 储藏养分。树体储藏养分的多少对新梢生长有明显的影响。贮藏养分多，发枝粗壮。春季先花后叶类树木，开花结实过多，消耗大量养分，新梢生长就差。

③ 内源激素。叶片除合成有机养分外，还产生激素。新梢加长生长受到成熟叶和幼嫩叶所产生的不同激素的综合影响。幼嫩叶内产生类似赤霉素的物质，能促进节间伸长；摘除幼嫩叶，仍能增加节数和叶数，但节间变短而减少新梢长度。成熟叶产生的有机营养（糖类和蛋白质）与生长素类配合引起叶和节的分化，摘去成熟叶可促进新梢加长生长，但不增加节数和叶数。

应用生长调节剂，可以影响内源激素水平及其平衡，促进或抑制新梢生长，如生长延缓剂B-9、矮壮素（CCC）可抑制内源赤霉素的生物合成，B-9也有影响细胞分裂素的作用。喷B-9后枝条内脱落酸增多而赤霉素含量下降，因而枝条节间短。

④ 母枝所处部位与状况。树冠外围新梢较直立，光照好，生长旺盛；树冠下部和内膛枝因芽质差，有机养分少，光照差，所发新梢较细弱。潜伏芽所发的新梢常为徒长枝。以上新梢的枝向不同，其生长势也不同，这与新梢中生长素含量的高低有关。

母枝的强弱和生长状况对新梢生长影响很大。新梢随母枝从直立至斜生，顶端优势减弱。随母枝弯曲下垂而发生优势转位，于弯曲处或最高部位产生旺长枝，这种现象称为背上优势。生产上常利用枝条生长姿态来调节树势。

⑤ 环境与栽培条件。温度高低与变化幅度、生长季长短、光照强度与光周期、养分水分供应等环境因素对新梢生长都有影响。气温高、生长季长的地区，新梢年生长量大；低温、生长季热量不足，新梢年生长量则小。光照不足时，新梢细长而不充实。

施氮肥和浇水过多或修剪过重，都会引起过旺生长。一切能影响根系生长的措施，都会间接影响到新梢的生长。

7. 树体骨架的形成

枝、干为构成树木地上部分的主体，对树体骨架的形成起重要作用。了解树体骨架的形成，对树木整形修剪，调整树体结构以及观赏作用的发挥，均具重要意义。树木的整体形态构造，依枝、干的生长方式，可大致分为以下三种主要类型。

① 单干直立型。具有一明显的与地面垂直生长的主干。它包括乔木和部分灌木树种。

这种树木顶端优势明显，由骨干主枝、延长枝及细弱侧枝等三类枝构成树体的主体骨架。由于顶端优势的影响，主干和骨干主枝上的多数芽为隐芽，长期处于潜伏状态。由骨干主枝顶部的芽萌发，形成延长枝（实际上，也会有部分芽萌发成细弱侧枝，或开花枝），进一步扩展树冠。

各类树种寿命不同，通常细弱枝更新较频繁，但随树龄的增加，主干、骨干主枝以及延长枝的生长势也会逐渐转弱，从而使树体外形不断变化，观赏效果得以丰富。

② 多干丛生型。以灌木树种为主。由根颈附近的芽或地下芽抽生形成几个粗细接近的枝干，构成树体的骨架，在这些枝上，再萌生各级侧枝。

这类树木离心生长相对较弱，顶端优势也不十分明显，植株低矮，芽抽枝能力强。有些种类反而枝条中下部芽较饱满，抽枝旺盛，使树体结构更紧密，更新复壮容易。这类树木主要靠下部的芽逐年抽生新的枝干来完成树冠的扩展。

③ 藤蔓型。有一至多条从地面生长出的明显主蔓，它们的藤蔓兼具单干直立型和多干丛生型树木枝干的生长特点。但藤蔓自身不能直立生长，因而无确定的冠形。

藤蔓型树种，如九重葛、紫藤等，主蔓自身不能直立，但其顶端优势仍较明显，尤其是在幼年时，主蔓生长很旺，壮年以后，主蔓上的各级分枝才明显增多，其衰老更新特性常介于单干直立型和多于丛生型之间。

四、叶和叶幕的形成

叶是行使光合作用制造有机养分的主要器官。植物体内90%左右的干物质是由叶片合成的。光合作用制造的有机物不仅供植物本身的需要，而且是地球上有机物质的基本源泉。植物体生理活动的蒸腾作用和呼吸作用主要是通过叶片进行的，因此了解叶片的形成对树木的栽培有重要作用。

1. 叶片的形成

叶片是由叶芽中前一年的叶原基发展起来的，其大小与前一年或前一生长时期形成叶原基时的树体营养和当年叶片生长期的长短有关。单个叶片自展叶到叶面积停止增加所用的时间及叶片的大小，不同树种、品种和不同枝梢是不一样的。初展之幼嫩叶，由于叶组织量少，叶绿素浓度低，光合生产效率较低；随着叶龄增加，叶面积增大，生理上处于活跃状态，光合效能大大提高，直到达到一定的成熟度为止，然后随叶片的衰老而降低。梨和苹果的外围长梢上，春梢段基部叶和秋梢叶生长期都较短，叶均小。而旺盛生长期形成的叶片生长时间较长，叶也大。

由于叶片出现的时期有先后，同一树体上就有各种不同叶龄的叶片，并处于不同发育时期。总的说来，在春季，叶芽萌动生长，此时枝梢处于开始生长阶段，基部先展之叶的生理活动较活跃。随着枝的伸长，活跃中心不断向上转移，而基部逐渐衰老。常绿树以当年的新叶光合能力为最强。

2. 叶幕的形成

叶幕是指叶在树冠内的集中分布区而言，它是树冠叶面积总量的反映。园林树木的叶幕，随树龄、整形、栽培目的与方式不同，其形状和体积也不相同。幼年树，由于分枝尚少，内膛小枝内外见光，叶片充满树冠，其树冠的形状和体积也就是叶幕的形状和体积。自然生长的成年树，叶幕与树冠体积往往并不一致，其枝叶一般集中在树冠表面，叶幕仅限树冠表面较薄的一层，多呈弯月形、钟形叶幕，具体依树种而异。

成片栽植的树林的叶幕，顶部呈平面形或立体波浪形。为结合花果生产，多经人工整形修剪使其充分利用光能，或为避开高架线的行道树，常见有杯状整形的杯状叶幕；用层状整形的，则形成分层形叶幕；按圆头形整形的呈圆头形、半圆头形叶幕。藤木的叶幕随攀附的构筑物体形状而异。

落叶树木的叶幕在年周期中有明显的季节变化。从春天发叶到秋天落叶，落叶树的叶幕大致能保持5～10个月的生长期；而常绿树由于叶片的生存期长，多半可达一年以上，而且老叶多在新叶形成之后逐渐脱落，故其叶幕比较稳定。对生产花果的落叶树来说，较理想的叶面积生长动态是前期增长快，后期合适的叶面积保持期长，并要防止叶幕过早下降。

五、花芽分化

植物的发育是从种子萌发开始，经历幼苗、植株、开花、结实，最后形成种子。在整个发育过程中，经历着一系列质变过程，其中最明显的质变是由营养生长转为生殖生长，花芽分化及开花是生殖发育的标志。因此了解园林树木的花芽分化和开花，在园林绿化工作中具有重要的意义。

1. 花芽分化的概念

植物的生长点可以分化为叶芽，也可以分化为花芽。这种植物的生长点由叶芽状态开始向花芽状态转变的过程，称为花芽分化。这种分化逐渐形成萼片、花瓣、雄蕊、雌蕊，以及整个花蕾或花序原始体的全过程，称为花芽形成。由叶芽生长点的细胞组织形态转化为花芽生长点的组织形态过程，称为形态分化。在出现形态分化之前，生长点内部由叶芽的生理状态转向形成花芽的生理状态（这种变化用解剖的方法观察不到）的过程，称为生理分化。因此树木的花芽分化概念有狭义和广义之说。花芽分化狭义指的是其形态分化，广义指的是包括生理分化、形态分化、花器的形成与完善直至性细胞的形成。

2. 花芽分化的过程

树木的花芽分化从整个过程来看可分成三个时期；即生理分化期、形态分化期和性细胞形成时期。

（1）生理分化时期

这一时期是由叶芽生理状态转向花芽生理状态的过程，是决定能否形成花芽的决定性质变时期，是为形态分化奠定基础的时期。生理分化时期，生长点原生质处于不稳定状态，对内外界因素有高度的敏感性，易于改变代谢方向。因此，生理分化期也称花芽分化临界期。各种促进花芽形成的技术措施，必须在此阶段之前进行才能收到良好的效果。生理分化期出现在形态分化前的1～7周，一般是4周左右。树种不同，生理分化开始的时期也不同，例如牡丹是7～8月，月季3～4月。生理分化期持续时间的长短，除与树种和品种的特性有关外，与树体营养状况及外界的温度、湿度、光照条件均有密切关系。

（2）形态分化时期

这一时期是叶芽经过生理分化后，在产生花原基的基础上，花器各部分分化形成的过程。花器的分化是自外而内，依次形成花萼、花瓣、雄蕊、雌蕊原始体，整个分化过程需1个月到3～4个月的时间，有的更长。一般情况下，树木的花芽形态分化时期又可分为以下5个时期。

① 分化初期。因树种稍有不同。一般于芽内突起的生长点逐渐肥厚，顶端高起呈半球体状，四周下陷，从而与叶芽生长点相区别；从组织形态上改变了发育方向，即为花芽分化的标志。此期如果内外条件不具备，也可能退回去。

② 萼片原基形成期。下陷四周产生突起体，即为萼片原始体，过此阶段才可肯定为花芽。

③ 花瓣原基形成期。于萼片原基内的基部发生突起体，即花瓣原始体。

④ 雄蕊原基形成期。花瓣原始体内基部发生的突起，即雄蕊原始体。

⑤ 雌蕊原基形成期。在花原始体中心底部发生的突起，即为雌蕊原始体。

上述后两个形成期，有些树种延迟时间较长，一般是在第二年春季开花前完成。关于花芽形态分化的过程及形态变化还因树种是混合芽或纯花芽，是否是花序，是单室还是多室等而略有差别。

（3）性细胞形成期

这一时期是从雄蕊产生花粉母细胞或雌蕊产生胚囊母细胞为起点的，直至雄蕊形成二核花粉粒，雌蕊形成卵细胞为终点。

性细胞形成时期，消耗能量及营养物质很多，如不能及时供应，就会导致花芽退化，影响花芽质量，引起大量落花落果。因此，在花前和花后及时追肥灌水，对提高坐果率有一定的影响。

3. 花芽分化的类型

花芽分化开始时期和延续时间的长短，以及对环境条件的要求，因树种与品种、地区、年龄等的不同而不同。根据不同树种花芽分化的特点，花芽分化的类型可以分为以下四种。

① 夏秋分化型。绝大多数早春和春夏之间开花的观花树木，它们都是于前一年夏秋（6～8月）间开始分化花芽，并延迟至9～10月间，完成花器分化的主要部分，但是，必须要经过冬季的春化才能开花。如海棠、榆叶梅、樱花、迎春、连翘、玉兰、紫藤、泡桐、丁香、牡丹等，以及常绿树种中的枇杷、杨梅、杜鹃等。但也有些树种，如板栗、柿子分化较晚，在秋天只能形成花原始体，需要延续更长的时间才能完成花器分化。

② 冬春分化型。原产暖地的某些树种，一般秋梢停止生长后，至第二年春季萌芽前，即于11月至翌年4月间，花芽逐渐分化与形成，如龙眼、荔枝等。柑橘类的橘、柑、柚等一般从12月至次年春天分化花芽，其分化时间较短，并连续进行。此类型中，有些延迟到年初才开始分化，而在冬季较寒冷的地区，如浙江、四川等地有提前分化的趋势。

③ 当年分化型。许多夏秋开花的树木，都是在当年新梢上形成花芽并开花，不需要经过低温，如木槿、槐树、紫薇、珍珠梅、荆条等。

④ 多次分化型。在一年中能多次抽梢，每抽一次梢就分化一次花芽并开花的树木，如月季、四季橘、西洋梨中的三季梨等。此类树木中，春季第一次开花的花芽有些可能是去年形成的，各次分化交错发生，没有明显停止期。

此外还有不定期分化型，原产热带的乔性草本植物，如香蕉、番木瓜等。香蕉花芽分化需在展叶后，且达到一定数量的叶片时才能进行。

4. 花芽分化的特点

树木的花芽分化虽因树种类别而有很大的差别，但各种树木在分化期都有以下特点：

① 花芽分化临界期。各种树木从生长点转为花芽形态分化之前，必然都有一个生理分化阶段。在此阶段，生长点细胞原生质对内外因素有高度的敏感性，处于易改变的不稳定状态，是花芽分化的关键时期，称为花芽分化临界期。花芽分化临界期因树种、品种而异，如苹果于花后2～6周，柑橘于果熟采收前后。

② 花芽分化的长期性。大多数树木的花芽分化，以全树而论是分期分批陆续进行的，这与各生长点在树体各部位枝上所处的内外条件和营养生长停止时间有密切关系。不同的品种间差别也很大，有的从5月中旬开始生理分化，到8月下旬为分化盛期，到12月初仍有10%～20%的芽处于分化

初期状态，甚至到翌年2～3月间还有5%左右的芽仍处在分化初期状态。这种现象说明，树木在落叶后，在暖温带可以利用贮藏养分进行花芽分化，因而分化是长期的。

③ 花芽分化的相对集中性和相对稳定性。各种树木花芽分化的开始期和盛期（相对集中期）在不同年份有差别，但并不悬殊。以果树为例，苹果在6～9月，桃在7～8月，柑橘在12月至翌年2月。花芽分化的相对集中和相对稳定性与稳定的气候条件和物候期有密切关系。多数树木是在新梢（春、夏、秋梢）停长后，为花芽分化高峰。

④ 花芽分化所需时间因树种和品种而异。从生理分化到雌蕊形成所需时间，因树种、品种而不同。苹果需3～4个月，甜橙需4个月，芦柑需半个月。牡丹6月下旬至8月中旬为分化期。

⑤ 花芽分化早晚因条件而异。树木花芽分化时期不是固定不变的。一般幼树比成年树晚，旺树比弱树晚，同一树上短枝、中长枝及长枝上腋花芽形成依次渐晚。一般停长早的枝分化早，但花芽分化多少与枝长短无关。"大年"时新梢停长早，但因结实多，使花芽分化推迟。

5. 影响花芽分化的因素

花芽分化是在内外条件综合作用下进行的，但决定花芽分化的首要因子是物质基础（即营养物质的积累水平），而激素的作用和一定的外界环境因素如光照、温度、水分、矿质元素及栽培技术等，则是花芽分化的重要条件。

（1）芽内生长点细胞必须处于分裂又不过旺的状态

形成顶部花芽的新梢必须处于停止加长生长或处于缓慢生长状态，即处于长而不伸，停而不眠的状态，才能进入花芽的生理分化状态；而形成叶腋花芽的枝条必须处于缓慢生长状态，即在生理分化状态下生长点细胞不仅进行一系列的生理生化变化，还必须进行活跃的细胞分裂才能形成结构上完全不同的新的细胞组织，即花原基。正在进行旺盛生长的新梢或已进入休眠的芽是不能进行花芽分化的。

（2）营养物质的供应是花芽形成的物质基础

近百年来不同学者提出了以下几种学说。

① 碳氮比学说。认为细胞中氮的含量占优势，促进生长；糖类稍占优势时，有利于花芽分化。

② 细胞液浓度学说。认为分生组织细胞进行分裂的同时，细胞液的浓度增高，才能形成花芽。

③ 氮代谢的方向。认为氮的代谢转向蛋白质合成时，才能形成花芽。

④ 成花激素学说。自20世纪30年代以来，许多研究证明：叶中制造某种成花物质，输送到芽中使花芽分化。究竟是什么成花物质，至今尚未明确，有人认为它是一种激素，是花芽形成的关键，有的则认为是多种激素水平的综合影响。

总之，充分的营养物质不仅是花芽分化的营养基础，也是形成成花激素的物质前提。

（3）内源激素的调节是花芽形成的前提

激素在植物体内的一定部位内产生，并输送到其他部位起促进或抑制生理过程的作用。花芽分化需要激素的启动与促进，与花芽分化相适应的营养物质积累等也直接或间接与激素有关。植物体内自然形成的内源激素，目前已知能促进花芽形成的激素有细胞分裂素、脱落酸和乙烯（多来自于根和叶）；对花芽形成有抑制作用的激素有生长素和赤霉素（多来自于种子）。随着科学的进展，人工合成了多种促花物质（即植物生长调节剂）如B_9，矮壮素（CCC）、多效唑（PP333）等。利用这些外用生长调节剂同样可以调节树体内促花激素与抑花激素之间的平衡关系，借以达到促进花芽形成的目的。

（4）遗传基因是花芽分化的关键

植物细胞都具遗传的全能性。在遗传基因中，有控制花芽分化的基因，这种基因要有一定的外界条件（如花芽生理分化所要求的日照、温度、湿度等）和内在因素（如各种激素的某种平衡状态、结构物质和能量物质的积累等）的刺激，使这种基因活跃，就能使花芽分化。所以，控制花芽分化基因的连续反应活动，是控制组织分化的关键。这些内外条件能诱导出特殊的酶，以导致结构物质、能量物质和激素水平的改变，从而使生长点进入花芽分化，即控制花芽形态分化的DNA与RNA是代谢发育方向的决定者。例如，实生树首次成花是由其遗传性决定的。实生树通过幼年期要长到一定的大小和年龄后，才能接受成花诱导。但不同树木在一定条件下，首次成花的快慢不同，这是受其遗传性所决定的，快则1~3年，慢则半个世纪。

（5）叶、花、果影响花芽分化

叶是同化器官，在树木的短枝上叶成簇，累积多，营养物质多，极易形成花芽。一般情况下，树木开花多的则结实多，消耗树体营养也多，这样会影响花芽分化。所以，"大年"应当疏果，有利于花芽分化，保障下年不至于"小年"，促进稳产。

（6）花芽分化必须具备一定的外界环境条件

① 光照。光是影响树木花芽分化的重要环境因子之一，光不仅影响营养物质的合成与积累，也影响内源激素的产生与平衡。在强光下激素合成慢，特别是在紫外光的照射下，生长素和赤霉素被分解或活化受抑制，从而抑制新梢生长，促进花芽分化。因此，光照充足容易成花，否则不易成花。

② 水分。在生理分化期前，适当控制灌水，抑制新梢生长，有利于光合产物的积累和花芽分化。控制和降低土壤含水量，可提高树体内的氨基酸特别是精氨酸的水平，并增加叶中的脱落酸的含量，从而抑制赤霉素的合成和淀粉酶的产生，促进淀粉积累，抑制生长素的合成，有利于花芽分化。夏季适度干旱有利于树木花芽形成，但长期干旱或水分过多，均影响花芽分化。

③ 温度。温度既影响树体的生长，也影响体内一系列生理过程和激素平衡，间接影响花芽分化的时期、质量和数量。各种树木的花芽分化都要求有一定的温度条件，温度过高或过低都不利于花芽分化。苹果花芽分化的适宜温度是20℃左右，20℃以下分化缓慢，盛花后4~5周（分化临界期）保持24℃，有利于分化；柑橘花芽分化的适宜温度为13℃以下。

④ 矿质和根系生长影响花芽分化。吸收根系的生长与花芽分化有明显的正相关。当大多数元素相当缺乏时，会影响成花。

⑤ 栽培技术对花芽分化的影响。

6. 控制花芽分化的途径

在了解植物花芽分化规律和条件的基础上，可综合运用各项栽培技术措施，调节植物体各器官间生长发育关系与外界环境条件的影响，来促进或控制植物的花芽分化。

决定花芽分化的首要因素是营养物质的积累水平，这是花芽分化的物质基础。所以应采取一系列的技术措施，如通过适地适树（土层厚薄与干湿等）、选砧（乔化砧、矮化砧）、嫁接（高接、桥接、二重接等）、促进控制根系（穴大小、紧实度、土壤肥力、土壤含水量等）、整形修剪（适当开张主枝角度、环剥、主干倒贴皮、摘心、扭梢、摘幼叶促发一次梢、轻重短截和疏剪）、疏花、疏（幼）果、施肥（肥料类别、叶面喷肥、秋施基肥、追肥等）以及施用生长调节剂，如阿拉（B₉）、矮壮素（CCC）、乙烯利等，可抑制枝条生长和节间长度，促进成花。

在栽培中，采取综合措施，如挖大穴、用大苗、施大肥，可以促水平根系发展，扩大树冠，加速养分积累。然后采取转化措施（开张角度或挖平，行环剥或倒贴）促其早成花，搞好周年管理，加强肥水，防治病虫，合理疏花、疏果来调节养分分配，减少消耗，使树体形成足够的花芽。具体控制花芽分化应因树、因地、因时制宜，注意以下几点：首先研究各种树木花芽分化的时期与特点；抓住分化临界期，采取相应措施进行促控；根据不同分化类别的树木，其花芽分化与外界因子的关系，通过满足或限制外界因子来控制；根据树木不同年龄时期的树势，对枝条生长与花芽分化关系进行调节；使用生长调节剂来调控花芽分化。

必须强调的是，对植物采取促进花芽分化的措施时，需要建立在健壮生长的基础上，抓住花芽分化的关键时期，施行上述措施，单一的或几种同时进行，才能取得满意的效果，否则就难尽如人意了。

六、开花与授粉

一个正常的花芽，当花粉粒和胚囊发育成熟后，花萼与花冠展开的现象称为开花。在园林生产实践中，开花的概念有着更广泛的含义，例如裸子植物的孢子球（球花）和某些观赏植物的有色苞片或叶片的展显，都称为开花。

开花是植物生命周期幼年阶段结束的标志，是年周期一个重要的物候期。花又是园林植物美化环境的主要器官，也与果实及种子的生产和观赏密切相关。因此，了解园林树木的开花习性，掌握开花规律，有助于提高观赏效果，增加经济效益。

1. 开花的时期

① 不同树种的开花时期。供观花的园林树木种类很多，由于受其遗传性和环境的影响，在一个地区内一般都有比较稳定的开花时期。除在特殊小气候环境外，同一地区各种树木每年开花期相互之间有一定的顺序性。如郑州地区的树木，一般每年按下列顺序开放：迎春、梅花、山桃、望春玉兰、杏、白玉兰、连翘、桃树、榆叶梅、樱花、紫荆、紫藤、刺槐、楝树、合欢、夹竹桃、木槿、紫薇、槐树、黄山栾、桂花、枇杷、腊梅等。

② 同一树种不同品种开花时间早晚不同。在同一地区，同一树种不同品种间开花有一定的顺序性。例如：郑州地区不同品种的桃花的开花时间可相差一个月左右。凡品种较多的花木，按花期都可分为早花、中花、晚花这样三类品种。

③ 雌雄同株雌雄异株树木花的开放。雌、雄花既有同时开的，也有雌花先开，或雄花先开的。凡长期实生繁殖的树木，如核桃，常有这几种类型混杂的现象。

④ 不同部位枝条花序的开放。同一树体上不同部位枝条开花早晚不同。一般短花枝先开放，长花枝和腋花芽后开；向阳面比背阴面的外围枝先开。同一花序开花早晚也不同。具伞形总状花序的苹果，其顶花先开；而具伞房花序的梨，则基部边花先开；柔荑花序于基部先开。

2. 开花类别

按树木开花与展叶的先后关系可把树木分为三类。

① 先花后叶类。此类树木在春季萌动前已完成花器分化。花芽萌动早于叶芽，先开花后长叶，如迎春、连翘、紫荆、玉兰等。

② 花叶同放类。此类树木花器也是在萌动前完成分化。开花和展叶几乎同时，如先花后叶类中榆叶梅、桃与紫藤中的某些开花较晚的品种与类型。此外多数能在短枝上形成混合芽的树种也属此类，如丁香、苹果、海棠、核桃等。混合芽虽先抽枝展叶而后开花，但多数短枝抽生时间短，很快见花，此类开花较前类稍晚。

③ 先叶后花类。此类树木中如黄刺梅、麻叶绣线菊、楝树等，是由上一年形成的混合芽抽生相当长的新梢，于新梢上开花。加上萌芽要求的气温高，故萌芽晚，开花比第二类也晚。此类多数树木花器是在当年生长的新梢上形成并完成分化，一般于夏秋开花，在树木中属开花最迟的一类。如木槿、紫薇、凌霄、槐、桂花、珍珠梅、荆条等。有些能延迟到初冬，如枇杷、油茶、茶树等。

3. 花期延续时间

花期延续时间的长短受树种和品种、外界环境以及树体营养状态的影响而有差异。

① 因树种与类别不同而不同。由于园林树木种类繁多，花芽分化类型多样，加上树木品种不同，在同一地区树木花期延续时间差别很大。如在郑州，开花短的7～10天，如日本樱花；长的可达100～240天，如紫薇、茉莉可开100天，月季可达240天左右。不同类别树木的开花还有季节特点。春季和初夏开花的树木多在前一年的夏季就开始进行花芽分化，于秋冬季或早春完成，到春天一旦温度适合就陆续开花，一般花期相对短而整齐；夏秋开花者多在多年生枝上分化花芽，分化有早有晚，开花也就不一致，加上个体间差异大，因而花期较长。

② 同种树因树体营养、环境而异。青壮年树比衰老树的开花期长而整齐。树体营养状况好，开花延续时间长。在不同小气候条件下，开花期长短不同，树阴下、大树北面、楼北面花期长。开花期因天气状况而异，花期遇冷凉潮湿天气可以延长，而遇到干旱高温天气则缩短。开花期也因环境而异。高山地区随着地势增高花期延长，这与随海拔增高，气温下降，湿度增大有关。如在高山地带，苹果花期可达1个月。

4. 每年开花次数

各种树每年开花次数因树种、品种、树体营养状况、环境条件而不同。

① 因树种与品种而异。多数树种每年只开一次花，但也有些树种或栽培品种一年内有多次开花的习性。如茉莉、月季、四季桂、佛手、柠檬、葡萄等。

② 再度开花。原产温带和亚热带地区的绝大多数树种一年只开一次花，但有时能发生再次开花现象，常见的有桃、杏、连翘等，偶见玉兰、紫藤等，一般于秋季发生。这种再度开花现象，是由于环境条件的非正常改变，使得业已分化形成、本该第二年春天开放的花芽，当年秋季提前开放。既可能由"不良条件"引起，如冰雹、大风引起枝条折断，也可以由于"条件的改善"而引起，如秋季温度回升——"秋老虎"出现，引起将要休眠的芽的萌动。还可以由这两种条件的交替变化引起。

还有一种再度开花现象是花芽发育不完全或因树体营养不足，部分花芽延迟到春末夏初才开，时常发生在梨或苹果某些品种的老树上，这种现象不是严格意义上的再度开花。

树木再度开花时的繁茂程度不如春季，原因是由于树木花芽分化的不一致性，有些尚未分化或分化不完善，故不能开花。生产花、果的树木，如再度开花则因提前萌发了明年开花的花芽而消耗大量养分，又往往结不成果，并不利于越冬，因而大大影响第二年的开花与结果，对生产是不利的。出现再度开花一般对园林树木影响不大，有时还可以加以研究利用。可人为促成春季开花的树种，于国庆节再度开花。

5．授粉与受精

植物开花，成熟的花粉通过媒介达到雌蕊柱头上的过程称为授粉。达到柱头上的花粉形成花粉管，伸入到胚囊，使精子与卵子结合的过程称为受精。作为生殖器官的花，对植物自身而言，其主要机能是授粉受精，最终产生果实与种子，以达到繁衍后代的目的。

（1）授粉方式

① 自花授粉，自花结实。同一品种内授粉叫自花授粉。具有自花亲和性的品种，在自花授粉后结实量能达到满足生产要求的，叫自花结实，如桃、樱桃、枣以及部分品种的李和葡萄。自花授粉获得的种子，培育的后代一般都能保持母本的特性，但易衰退。

② 异花授粉，异花结实。不同品种间进行授粉叫异花授粉。异花授粉后能得到丰产的叫异花亲和性或异花结实。异花授粉获得的种子具有父母本双方的基因，性状会出现分离，具有杂种优势的后代具有较强的生命力，不具有杂种优势的生命力更弱，所以生产上不用这类种子直接繁殖苗木，但可用于育种。需要异花授粉的植物在自花授粉的情况下，不易结果，如梨、苹果等。异花授粉对于果实的品质影响不大。自花结实的植物经过异花授粉后，可提高坐果率，增加产量。

③ 单性结实。未经过受精而形成果实的现象叫单性结实。单性结实的果实一般无种子，但无种子果实并不一定都是单性结实。例如无核白葡萄可以受精，但因内珠被发育不正常，不能形成种子，叫种子败育型无核果。

④ 无融合生殖。一般是指不经受精也能产生具有发芽力的胚（种子）的现象。湖北海棠和一部分核桃品种，其卵细胞不经受精可形成有发芽力的种子，即是无融合生殖的一种——孤雌生殖。柑橘由珠心或珠被细胞产生的胚也是一种无融合生殖。

（2）影响授粉受精的因素

① 授粉媒介。有的树种以风为媒，如松柏类、法桐、核桃、板栗、白桦等。有的以虫为媒，如大多数花木和果木、泡桐、油桐等。但并不绝对，有些虫媒树木如椴树、白蜡也可借风力传粉。

② 授粉适应。在长期的自然选择过程中树木对传粉有不同的适应。尽管授粉结实有上述四种方式，但绝大多数树木还是以异花授粉为主，树木对异花授粉的适应主要表现在如下几方面。

雌雄异株：如柳、杜仲、复叶槭等。

雌雄异熟：有些树木雌雄同株，但常有异熟之分化。如核桃，除同熟外还有雄花先熟或雄花先开的类型，如杨、油菜、荔枝等。泡桐常雄花先熟，柑橘常雌花先熟。

雌雄不等长：有些树种尽管为两性花、同熟，但其蕊不等长，影响自花授粉与结实，如某些杏、李的品种。

柱头的选择性：分柱头泌液在刺激不同的花粉萌发上有选择性，或抑或促。

③ 营养条件。亲本树的营养状况是影响花粉发芽、花粉管生长速度、胚囊寿命以及柱头接受花粉时间的重要内因。树体内氮素、糖类、生长素的供应都对上述过程有影响。在树体营养良好的情况下，花粉管生长快、胚囊寿命长、柱头接受花粉的时期也长，这样就大大延长了有效授粉期。氮素不足的情况下，花粉管生长缓慢、胚囊寿命短，当花粉管到达珠心时，胚囊已经失去功能，不能受精。对衰弱树，花期喷尿素可提高坐果率。生长后期（夏季）施氮肥有利于提高次年结实率。

硼对花粉萌发和受精有良好作用，有利于花粉管的生长。在萌（花）芽前喷1%～2%的硼砂或花期喷0.1%～0.5%的硼砂，可增加苹果坐果率。秋施硼肥，有利于欧洲李第二年坐果率和产量的提高。

钙也有利于花粉管的生长，最适浓度可高达1mmol/L。故有人认为花粉管向胚珠方向的向性生长，是对从柱头到胚珠的钙浓度梯度反应。

施磷可提高坐果率，缺磷的树发芽迟、花序出现迟，降低了异花授粉的概率，还可能降低细胞激动素的含量。

用赤霉素处理，可以使自花不结实的树种、品种提高结果率。它除有促进单性结实的效应外，还由于赤霉素可加速花粉管的生长，使生殖分裂加速。

多量的花粉有利于花粉发芽，这是因为花粉密度大，由花粉本身供应的刺激物增多。如果花粉密度不大，增加花粉水浸提液，仍可促进花粉发芽。

④ 环境条件。环境条件中，温度是影响授粉受精的重要因素。温度影响花粉发芽和花粉管生长。不同树种、品种，最适温度不同。苹果是10～25℃，30℃以上发芽不好；葡萄要求温度在20℃以上者居多。

花期遇低温会使胚囊和花粉受害。温度不足，花粉管生长慢，达胚囊前胚囊已失去受精能力。低温期长，开花慢，消耗养分多，不利于胚囊的发育与受精。低温还不利于昆虫传粉，一般蜜蜂活动要15℃以上的温度。

花期遇大风使柱头干燥，不利于花粉发育，也不利于昆虫活动。阴雨潮湿也不利于传粉，使花粉不易散发或易失去活力，还能冲掉柱头黏液。

大气污染会影响花粉发芽和花粉管生长，不同树木花期对不同污染的反应不同。

（3）提高授粉受精的措施

① 配置授粉树。不论是自花结实还是自花不实的树种与品种，除能单性结实者外，异花授粉均能提高结实量，生产上常按一定比例混栽。园林绿化地中若不能配置授粉树，则可用异品种高枝嫁接或花期人工授粉。

② 调节营养。首先要加强头一年夏秋的管理，保护叶片不受病虫危害，合理修剪，提高树体营养水平，保证花芽健壮饱满。其次要调节春季营养的分配，均衡树势，不使枝叶旺长，必要时采用控梢措施。对生长势弱或衰老树，花期根外喷洒尿素、硼砂等对促进授粉受精有积极的作用。

③ 人工辅助授粉。对于一些雌雄异熟的树木可采集花粉后进行人工辅助授粉。南京、青岛等地有用人工授粉的方法使雪松结籽。

④ 改善环境条件。搞好环境保护、控制大气污染，对易受大气污染的植物的授粉受精是很重要的。另外在花期禁止喷洒农药，保护有益于传粉昆虫的活动，促进虫媒花的授粉受精。花期遇到气温高、空气干燥时，对花喷水也很有效。

七、坐果与果实的生长发育

研究了解果实的生长发育，在园林树木栽培实践中，对提高观果树木的观赏价值与果品、种子的产量和质量具有重要的意义。

1. 坐果与落花落果

经授粉受精后，子房膨大发育成果实，在生产上称为坐果。事实上，坐果数比开花的花朵数要少得多，能真正成熟的果实则更少。其原因是开花后，一部分未能授粉受精的花脱落了；另一部分虽已授粉、受精，但因营养不良或其他原因也造成脱落。这种从花蕾出现到果实成熟全过程中，发生花果陆续脱落的现象称为落花落果。

各种植物的坐果率是不一样的，如苹果、梨的坐果率为2%～20%，枣的坐果率仅占花朵的0.5%～2%，芒果坐果率则更少仅为万分之几。这实际上是植物对适应自然环境、保持生存能力的一种自身调节。植物自控结果的数量对植物自身是有好处的，可防止养分过量的消耗，以保持健壮的生长势，达到营养生长与生殖生长的平衡。但在栽培实践中，常发生一些非正常性的落花落果，严重时影响观赏价值或减产，这是应该尽量避免的。

（1）落花落果次数

根据对仁果类和核果类的观察，落花落果现象，1年可出现4次。

① 落花。开花后，因花未受精，未见子房膨大，连同凋谢的花瓣一起脱落。这次对果实的丰歉影响不大。

② 落幼果。花后2周，子房已膨大，是受精后初步发育了的幼果。这次落果对丰歉有一定的影响。

③ 6月落果。在第一次落果后2～4周出现，大体在6月间。此时的落果已有指头大小，因此损失较大。

④ 采前落果。有些树种或品种在果实成熟前也有落果现象，即采前落果。

以上不是由机械和外力所造成的落花落果现象，统称为生理落果。也有些由于果实大，结果多，而果柄短，因互相挤压造成采前落果。夏秋暴风雨也常引起落果。

（2）落花落果的原因

造成生理落果的原因很多，最初落花、落幼果是由于花器发育不全或授粉、受精不良而引起的。其他不良的环境条件，如水分过多造成土壤缺氧而削弱根系的呼吸，使其吸收能力降低，导致营养不良；而水分不足又容易引起花、果柄形成离层，导致落花落果。缺锌也易引起落花落果。

6月落果主要是营养不良引起的。幼果的生长发育需要大量的养分，尤其胚和胚乳的增长，需要大量的氮才能形成构成果实所需的蛋白质，而此时有些树种的新梢生长也很快，同样需要大量的氮素。如果此时氮供应不足，两者之间就会发生对氮争夺的矛盾，常使胚的发育终止而引起落果，因此应在花前施氮肥。磷是种子发育重要的元素之一，花后施磷肥对减少6月落果有显著成效，可提高早期和总的坐果率。

水不仅是一切生理活动所必须的，而且果实发育和新梢旺长都大量需水。由于叶片的渗透压比果实高，若此时缺水，果实的水易被叶片争夺而干缩脱落。过分干旱，树木整体造成生理干旱，导致严重落果。另一原因是幼胚发育初期生长素供应不足，只有那些受精充分的幼果，种胚量多且发育好，能产生大量生长素，对养分水分竞争力强而不脱落。

采前落果的原因是将近成熟时，种胚产生生长素的能力逐渐降低。这与树种、品种特性有关，也与高温干旱或雨水过多有关。日照不足或久旱突降大雨，会加重采前落果。不良的栽培技术，过多施氮肥和灌水，栽植过密或修剪不当，通风透光不好也都会加重采前落果。

（3）提高坐果率

首先，为了减少落花落果常采用各种保花保果措施，保证花和果实的良好生长发育。其次，要进行必要的疏花疏果，克服大小年，调节与平衡营养生长与生殖生长的关系，保护营养面积和结果的适当比例，使叶片数与果实数成一定比例。疏花比疏果更能节省养分，但也要把握疏花疏果的量，疏多疏少都有不利。要根据具体树种、具体条件，并要有一定的实践经验才能获得满意的效果。第三，在幼果生长期，在保证新梢健壮生长的基础上，要防止新梢过旺生长，一般可采用摘心或环剥等，以削弱新梢的生长，提高坐果率。第四，在盛花期或幼果生长初期喷涂生长刺激素（如2,4-D、赤霉素等）以提高幼果中生长素的浓度。激素的使用能防止果柄产生离层而落果，也可促进养料输向果实，有利于幼果的生长发育。但在树体营养条件较差的情况下使用生长素后即使不发生落果，其幼果因为营养不良或结果过多，也不能达到应有的栽培目的。

2. 果实的生长发育

从花谢至果实达到生理成熟时止，需要经过细胞分裂、组织分化、种胚发育、细胞膨大和细胞内营养物质的积累转化等过程。这个过程称为果实的生长发育。

（1）果实生长发育的规律

果实生长发育与其他器官一样，也遵循慢—快—慢的S形生长曲线规律，但在众多的观果树种中，其生长情况有两种类型：一种是单S生长曲线型，如苹果、梨、柑橘等，此类果实生长全过程是由小到大，逐渐增长，中间几乎没有停顿现象，但也不是等速上升，在不同时期的生长速率是有变化的。另一种是双S生长曲线型，如桃、梅、樱桃等，这类果实有较明显的3个阶段，即幼果生长快速期，持续约3周；生长缓慢期与硬核期在外形上无明显增大的迹象，主要是内部种胚的生长和果核的硬化；最后是增大期，生长速度再次加快，直至成熟。

（2）果实的生长

果实内没有形成层，果实的增大是靠果实细胞的分裂与增大而进行的。果实先是伸长生长（纵向生长）为主，后期以横向生长为主。果实重量的增长，大体上与其体积的增大呈正比。果实体积的增大，决定于细胞的数目、细胞体积和细胞间隙。

花器和幼果生长的初期是果实细胞主要分裂期，此时树体内营养状况决定着果实细胞的分裂数，对许多春天开花、坐果的多年生果树，花果生长所需的养分主要依靠上一年储藏的养分供应。储藏养分的多少对幼果细胞分裂数有决定性影响，所以采用秋施基肥，合理修剪，疏除过多的花芽，对促进幼果细胞的分裂有重要作用。

果实发育中、后期，主要是果肉细胞的增大期，此期果实除含水量增加外，糖类的含量也直线上升。合适的叶果比、良好的光照和介质适宜的土壤水分条件，满足其水肥的要求，是提高果实产量和质量的保证。此时若浇水过多，施用氮肥过多，虽能增加一定产量，但果实含糖量下降，品质降低。

激素对果实的生长发育有密切的关系。试验证明，果实发育过程中，生长素、赤霉素、细胞分裂素、脱落酸及乙烯等多种激素都存在。但在果实发育的不同阶段，是在一种或几种激素的相互作用下，以调节和控制果实的发育。如桃在幼果生长快速期的赤霉素含量高于生长缓慢期，最后进入果实增大期后，乙烯含量显著增加。对大部分果实来说，前期促进生长的细胞分裂素、赤霉素等激素的含量高，后期则抑制生长的乙烯、脱落酸等激素的含量大。了解激素对果实生长发育的作用，可通过人工合成激素来促控果实生长发育，以达到栽培目的。

（3）果实成熟所需的时间

各类树木果实成熟时在外表上表现出成熟颜色特征的时期为形态成熟期。果熟期与种熟期有的一致，有的不一致；有些种子要经过后熟，个别也有较果熟期早。其长短因树种和品种而不同。榆树、柳树等最短，桑、杏次之，而樱桃的种子则需要后熟。一般早熟品种发育期短，晚熟品种发育期长。果实外表受外伤或被虫蛀食后成熟得早些。另外还受自然条件的影响，高温干旱，果熟期缩短，反之则长。山地条件，排水好的地方果熟得早些。

（4）果实的着色

果实的着色是成熟的标志之一。有些果实的着色程度决定其观赏价值。果实着色是由于叶绿素分解，细胞内已有的类胡萝卜素、黄酮等使果实显出黄、橙等色。果实中的红、紫色是由叶片中的色素原输入果实后，在光照、温度及氧等条件下，经氧化酶而产生的花青素苷转化形成的。花青素苷是糖类在阳光（特别的短波光）的照射下形成的，所以在果实成熟期，保证良好的光照条件，对糖类的合成和果实的着色是很重要的。

（5）促进果实发育的栽培措施

首先，要从根本上提高包括上一年在内的树体贮藏营养的水平，这是果实能充分长大的基础。要创造良好的根系营养条件，保持树体代谢的相对平衡和对无机养料的吸收能力。为此要增施有机肥料、注意栽植密度，使树木的地上与地下部分有良好的生长空间。保证肥水供应。在落叶前后施足基肥的基础上，在花芽分化、开花和果实生长等不同阶段，进行土壤和根外追肥。果实生长前期可多施氮肥，后期应多施磷钾肥。其次，运用整形修剪的技术措施，使树体形成良好的形态结构，调节好营养生长和生殖生长的关系，扩大有效的光合面积，提高光合效率和树体营养水平。根据具体情况适时采用摘心、环剥和应用生长激素来提高坐果率。要根据观赏的要求，适当疏（幼）果，注意通风透光，并加强病虫害防治等。

第五节　园林树木生长发育的整体性

树木作为结构与功能均较复杂和完善的有机体，是在与外界环境进行不断斗争中生存和发展的。树木自身各部分间、生长发育的各阶段或过程间，既存在相互联系、相互依赖的关系，也存在相互制约、相互对立的关系。这种相互对立与统一的关系，就构成了树木生长发育的整体性。研究树木的整体性，有助于更全面、综合地认识树木生长发育的规律，以指导生产实践。园林树木生长发育的整体性的表现，主要有以下几方面。

一、地上部分与地下部分的相关性

在正常情况下，树木地上部分与地下部分间为一种相互促进、协调的关系，以水分、营养物质和激素的双向供求为纽带，将两部分有机地联系起来。因此，地上部分与地下部分之间，必须保持良好的协调和平衡关系，才能确保整个植株的健康发育。人们常说的"根深叶茂""根靠叶养，叶靠根长"等俗语，简洁概括了树木地上部分与地下部分之间密切相关的关系。树木的地上部分与地下部分表现出了很好的协调性，如许多树木根系的旺盛生长时间与枝、叶的旺盛生长期相互错开，根在早春季节比地上部分先萌动生长，有的树木的根还能在夜间生长，这样就缓和了在水分、养分方面的供求矛盾。在生长量上，树冠与根系也常保持一定的比例。不少树木的根系分布范围与树冠基本一致，但垂直伸长多小于树高；有些树种幼苗的苗高，常与主根长度呈线性相关。总之，问题的关键是，要能保持或恢复地上部分与地下部分间养分与水分的正常平衡，例如，在移栽树木时，若对根系损伤太大，吸收能力显著下降，则对地上部分应重修剪，反之可轻剪或不剪。

二、营养生长与生殖生长的相关性

没有健壮的营养生长，就难有植物的生殖生长。在生长衰弱、枝细叶小的植株上是难以分化花芽、开花结果的，即使成花，其质量也不会好，极易因营养不良而发生落花落果。健壮的营养生长还要有量的保证，也就是要有足够的叶面积。没有足够的叶面积，难以分化花芽。许多扦插苗、嫁接苗，即使阶段发育成熟，已经开花结果，但繁殖成幼苗后，必须经过一段时间的营养生长后才能开花结果。

植物营养器官的生长，也要消耗大量的养料。植物营养生长过旺，消耗养料过多，必然会影响生殖生长。徒长枝上不能形成花芽，生长过旺的幼树不开花或延迟开花，都是因为枝叶生长夺取了过多养料的缘故。植物在开花结果期间，枝叶生长过旺后，发生落花落果现象也是这个原因，所以在养护管理上应防止枝叶的过旺生长。生殖器官的生长发育需要的养料主要是由营养器官供应。欲使花果生长发育良好，达到栽培目的要求，必须根据植株营养生长的情况，控制一定数量的花果数，使花果的数量与叶片面积形成相互适宜的比例。如果开花结果过多，超过了营养器官的负担能力，必然会抑制营养生长，减少枝叶的生长量，还会致使根系得不到足够的光合养料，影响根系的生长，降低根系的吸收功能，进一步恶化树体的营养条件，花果也因此生长发育不良，降低了观赏价值和产量，甚至出现大小年的现象。所以在养护管理中应防止片面追求花多、果多，应根据器官的负荷能力，做好疏花疏果工作，协调好营养生长和生殖生长的关系。

在调节营养生长和生殖生长的关系时，除了注意数量上的适宜以外，还应注意时间上的协调，务必使营养生长与生殖生长相互适应。对观花观果植物，在花芽分化前，一方面要提供植物阶段发育所需的必要条件；另一方面要使植株有健壮的营养生长，保证有良好的营养基础。到了开花坐果期，要适当控制营养生长，避免枝叶过旺生长，使营养集中供应花果，以提高坐果率。在果实成熟期．应防止植株叶片早衰脱落或贪青徒长，以保证果实充分成熟。以观叶为主的植物，则应延迟其发育，尽量阻止其开花结果，保证旺盛的营养生长，以提高其观赏价值。对一些以根、茎为贮藏器官的观花植物，也应防止生长后期叶片的早衰脱落。

三、各器官的相关性

1. 顶芽与侧芽

青壮年树木的顶芽通常生长较旺，侧芽相对较弱和生长缓慢，表现出明显的顶端优势。除去顶芽，则优势位置下移，促进较多的侧芽萌发，利于扩大树冠，去掉侧芽则可保持顶端优势。生产实践中，可根据不同的栽培目的，利用修剪措施来控制树势和树形。

2. 根端与侧根

根的顶端生长对侧根的形成有抑制作用。切断主根先端，有利于促进侧根，切断侧根，可多发些侧生须根。对实生苗多次移植，有利于出圃成活，就是这个道理。对壮老龄树深翻改土，切断一些一定粗度的根（因树而异），有利于促发须根、吸收根，以增强树势，更新复壮。

3．树高与直径

通常树木加粗的开始生长时间落后于树木加长生长，但生长期较长。一些树木的加长生长与加粗生长能相互促进，但由于顶端优势的影响，往往加长生长或多或少会抑制加粗生长。

利用树木各部分的相关现象可以调节树体的生长发育，这在园林树木栽培实践中有重大意义。但必须注意，树木各部分的相关现象是随条件而变化的，即在一定条件下是起促进作用的，而超出一定范围后就会变成抑制了，如茎叶徒长时，就会抑制根系的生长。所以在利用相关性来调节树木的生长发育时，必须根据具体情况，灵活掌握。

复习思考题

1．园林树木生物学特性的含义是什么？
2．如何理解物候？如何更好地利用物候为园林建设服务？
3．园林树木根系的年生长规律是怎样的？
4．园林树木的芽有哪些特性和类型？
5．园林树木的干性和层性如何理解？
6．如何理解叶幕的概念？
7．花芽分化分哪些阶段？有哪些类型？
8．如何理解园林树木发育的整体性？

第四章　园林树木的生态学习性及分布

第一节　园林树木生态学习性的概念

　　园林树木的生态学习性是指园林树木对环境条件的要求和适应的总和。园林树木生长的环境包括各种因素，即环境因子。凡是对树木生长发育有影响的因素称生态因子，如经纬度、海拔高度、土壤、光照等，其中树木生长发育必不可少的生态因子称为生存因子，也称生存条件，如光照、温度、二氧化碳、氧气、水分、无机盐等因子是绿色植物的生存因子。

　　在生态因子中，有的直接影响植物的生长发育，如光照、二氧化碳、水等。有些生态因子并不直接而是间接地通过对其他直接因子的影响而对于影响植物的生长发育，如经纬度、海拔高度、坡向等。所以生态因子根据对植物的作用方式可分为直接因子和间接因子。必须明确的是，间接因子并非不重要，生产实践中应充分考虑分析，积极应对。

　　生态因子根据其性质，生态学上大致可分为气候、土壤、地形和生物四大类，栽培学上则可分为光、温、气、土、肥、水及病虫害等七方面。在分析生态因子对于园林树木的作用和影响时，还必须时刻遵循以下基本原则：因子是与其他因子一起共同影响、综合作用的；各因子的作用并不是等同的，找出该阶段（时期）的主导因子十分关键；一个生存因子是别的因子所不可替代的，但在一定条件下，生存因子是可以由其他因子调节的。

　　每一个园林树种对于某一个生态因子的要求，在其度量尺度上都有一定的区域范围或幅度，该幅度就是该树种对于该因子的生态幅。在该因子超出了生态幅时，该植物无法生存。影响每一个园林树种的生态因子很多，只有都在其生态幅之内时，该树种才能生存。园林树木在其正常生长的地方，说明各因子均在其生态幅内。在自然界中，能够全部满足其生态幅的区域，该树种才有可能生长，这个区域才可能成为该树种的分布区。

第二节　园林树木的生长发育与环境因子

一、气候因素

气候因素包括温度、光、空气和风。

1. 温度

树木芽的萌动、生长、休眠、发叶、开花、结果等生长发育过程中要求一定的温度条件，有一定的温度范围，超过极限高温与极限低温，树木就难以生长。各种不同的树木对温度的要求是不同的，根据树木对温度的要求和适应范围的不同可分为最喜温（热带）树种、喜温（亚热带）树种、耐寒（温带）树种和最耐寒（寒带亚寒带）树种4类。

① 热带树种。如橡胶树、椰子、木棉、红树等，橡胶树在年平均温度20～30℃范围内都能正常生长，幼嫩组织低于10℃会受到轻微寒害，小于5℃出现枯梢、黑斑，低于0℃严重冻害。

② 亚热带树种。如杉木、马尾松、毛竹、油茶等只能在温暖地区生长。

③ 温带树种。如油松、刺槐、毛白杨、苹果等能忍受低温。

④ 寒带亚寒带树种。如落叶松、樟子松、红松等耐寒力极强。

不同树种都有自身的适应范围，树木对温度的要求和适应范围决定了树木的分布范围。有些树种既能耐寒又能耐高温，如麻栎、桑树等全国各地都有分布；而有些树种对温度的适应范围很小，仅具有较小的分布区，如橡胶树的分布范围必定在绝对最低温度大于10℃的地区。当然，橡胶树受害程度除绝对低温外，与降温的性质、低温持续时间、橡胶树的品种有关。有些耐寒树种在南移时，由于温度过高和缺乏必要的低温阶段，或者因湿度过大而生长不良，如东北的红松移至南京栽培，虽然不至死亡，但生长极差，呈灌木状。

同一树木对温度的要求和适应范围随树龄和所处的环境条件不同而有差异，在通常情况下，树木随年龄的增加而适应性加强，而在幼苗和幼树阶段则弱。

2. 光照

根据树种的喜光程度可分为喜光（阳性）树种、耐阴（阴性）树种和中性树种3类。

① 喜光树种。凡在壮龄和壮龄以后不能在其他树木的树冠下正常生长的树种，如马尾松、落叶松、合欢、桃、杏、松树、刺槐、悬铃木等。这类树木生长时，要求较强的光照，通常不能在林下正常生长和完成其更新。

② 耐阴树种。凡在壮龄和壮龄以后能在其他树木的树冠下正常生长的树种，如桃叶珊瑚、女贞、云杉、八角金盘、珊瑚树、红豆杉等。这类树木在较弱的光照条件下，比强光下生长良好，光照强度过大，就会导致光合作用减弱。

③ 中性树种。介于喜光和耐阴树种之间的树种，如杉木、柳杉、樟树等，对光的适应幅度较大，在全日照下生长良好，也能忍受适当的庇荫。

同一树种对光照的需要随生长环境、本身的生长发育阶段和年龄的不同而有差异，一般情况下，在干旱瘠薄环境下生长的比在肥沃湿润环境下生长的需光量大，有些树种在幼苗阶段需一定的庇荫条件，随年龄的增长，需光量逐渐增加。

了解树种的需光性和所能忍耐的庇荫条件对园林树种的选择和配置是十分重要的。

3. 空气

绿色植物在进行光合作用时，吸收二氧化碳，放出氧气。在进行呼吸作用时，吸收氧气，放出二氧化碳。树木有净化空气的功用，近年来由于工业的迅速发展，大气污染日趋严重，这给人类和植物造成的危害也日趋严重，树木对于大气污染的抵抗能力是不同的，了解树木对烟尘、有害气体的抗性，可以正确地选择城市和工矿企业的绿化树种，特别是一些化工厂和排放有害气体较多的工厂，必须选择抗性强的树种如臭椿、海桐、榆树、刺槐、悬铃木等，而不能选择抗性弱的树种如雪松、龙眼、杨桃等。

4. 风

风对树木的直接影响主要表现在大风或台风对树木的机械损伤，吹折主干，长期生长在风口上的树种形成偏冠、偏心材。风对树木有利的方面表现在：风媒树种靠风为传粉的媒介，风播的果实靠风力传播。风对树木的影响主要是间接的，如长时间的旱风使空气变得干燥，增强蒸腾作用，使树木枯萎等。

二、土壤因素

土壤的水分、肥力、通气、温度、酸碱度及微生物等条件，都影响着树木的分布及其生长发育。一些树种要求生于酸性土壤上，如马尾松、杜鹃、茶树、油茶等，这些树种为酸性土壤的指示植物，在盐碱土或钙质土上生长不良或不能生长。有些树种则在钙质土上生长最佳，成为石灰岩山地的主要造林树种，如侧柏、青檀、柏木等。有些树种对土壤的酸碱度适应范围较大，既能生长在酸性土上，也能在中性土、钙质土及轻盐碱土上生长，如刺槐、槐树、黄连木等，还有的树种能在盐碱土上生长，如柽柳、紫穗槐、梭梭树等。

树木的生长发育离不开水分，因此水分是决定树木的生存、影响分布和生长发育的重要条件之一。不同树木对水分的要求及适应不同。根据树木对水分的需要和适应能力可分为耐旱树种、喜湿树种和中生树种3类。

1. 耐旱树种

能在土壤干燥、空气干燥的条件下正常生长的树种，如相思树、梭梭树、木麻黄、沙拐枣等，这类树木由于长期生长在极为干旱的环境条件下，形成了适应这种环境条件的一些形态特征，如根系发达，叶常退化为膜质或针刺形，叶面具有厚的角质层、蜡质及茸毛等。

2. 喜湿树种

能在低洼、水湿环境中生长的树种，在干旱条件下常致死或生长不良，如红树、水松、落羽杉、池杉等，这类树木根系短而浅，在长期水淹条件下，树干茎部膨大，具有呼吸根。

3. 中生树种

介于二者之间，既不耐干旱又不耐低湿的树种，多生长于湿润的土壤中，大多数树种都属此类，如悬铃木、白蜡、毛竹等。

许多树种对水分条件的适应性很强，在干旱和低湿条件下均能生长，有时在间歇性水淹条件下也能生长，如旱柳、柽柳、紫穗槐等；一些树种则对水分的适应幅度较小，既不耐干旱，也不耐水湿，如白玉兰等。

了解树种对水分的需要和适应性对在不同条件下选择树种造园是很重要的，如合欢能耐干旱瘠薄，但不耐水湿，在选择立地的时候就应该注意，不能栽植在地势低洼容易积水或地下水位较高的地方。

三、地形因素

地形因素包括海拔高度、坡向、坡度等。地形的变化影响气候、土壤及生物等因素的变化，特别是在地形复杂的山区尤为明显，在这些因素中，海拔高度和坡向对树木的分布影响最大。南坡（阳坡）日照时间长、温度高、湿度较低，常分布阳性旱生树种；而北坡（阴坡）日照时间短、温度相对较低，湿度较大，常分布耐阴湿生树种。

四、生物因素

在自然界中，树木和其他动植物生长在一起，相互间关系密切，不同种类的动植物之间既有有益的影响，也有不利的影响，如同为喜光树种，彼此间会因争夺光照而发生竞争。因此，在应用树木造景时，要充分考虑树种对环境的需求。

第三节　园林树种的分布

一、园林树种的分布区概念

每一个园林树种都有一定的生活习性，要求一定的适宜生长地区，即在自然界中占有一定范围的分布区域，这就是该树种的分布区。树种分布区是受气候、土壤、地形、生物、地史变迁及人类活动等因素的综合影响而形成的，它反映着树种的历史、散布能力及其对各种生态因素的要求和适应能力。

树种分布区的大小、类别因树种不同而异，同时，分布区不是固定不变的，而是随着外界条件的变化而发生相应的变迁与发展的。树种分布主要取决于温度和降水量，受纬度、经度的影响。其次，受地史变迁及人类生产活动的影响：如银杏、水杉等古老树种在第四纪冰川时由于所处地形、地势优越，在我国得以保存继续生长到现代。人类可以通过引种驯化有目的地扩大一些优良树种的栽培分布区，如1941年水杉仅在湖北利川水杉坝一带有野生，目前已广布全国20个省（区），并被50多个国家引种栽培。

二、园林树种的分布区类型

1. 水平分布区与垂直分布区

园林树种在地球表面依纬度、经度所占有的分布范围称为水平分布区。如马尾松的水平分布区为淮河、伏牛山、秦岭以南至广东、广西的南部，东至东南沿海和台湾，西至贵州中部、云南东部及四川大相岭以东。树种的水平分布区一般按植被带来表示。我国植被带由南向北的顺序为：热带雨林、季雨林—亚热带常绿阔叶林—暖温带落叶阔叶林—温带针阔混交林—寒温带针叶林。由东向西的顺序为：湿润森林区—半干旱草原区—干旱荒漠区（图4-1）。

园林树木的垂直分布区是指其在山地自低而高所占有的分布范围，如马尾松在其水平分布范围内生长于海拔700m以下地区，黄山松则生长于海拔700m以上较高山地。园林树木的垂直分布区与

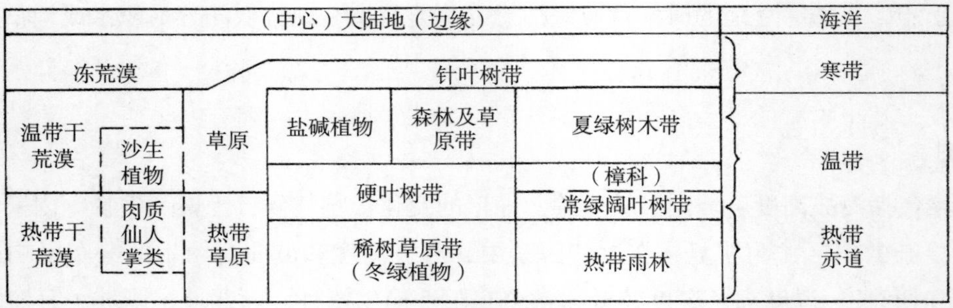

（中心）大陆地（边缘）
海洋
冻荒漠
针叶树带
寒带
温带干荒漠
沙生植物
草原
盐碱植物
森林及草原带
夏绿树木带
温带
硬叶树带
（樟科）
常绿阔叶树带
热带干荒漠
肉质仙人掌类
热带草原
稀树草原带（冬绿植物）
热带雨林
热带赤道

图4-1　植物水平分布模式图

自低纬度至高纬度水平分布的植被带在外貌上大致相似。一般以海拔（m）或垂直分布带（热带雨林带—常绿阔叶林带—落叶阔叶林带—针叶林带—灌丛带—高山苔原带）来表示。

山顶
冰雪
雪线
高山冻原带
高山草原带
灌木带
乔木分布界线
针叶林带
落叶阔叶林带
常绿阔叶林带
热带雨林

图4-2　植物垂直分布模式图

就某一园林树木的自然分布而言，它是依照该园林树种的生长发育特性及其对综合环境因子的适应关系而形成的该树种的水平分布区和垂直分布区的。除了生态方面的作用外，园林树种的分布还受地史变迁及人类生产活动的综合影响，因此，不同的园林树种其分布区的大小、方式都有其自己的特点。

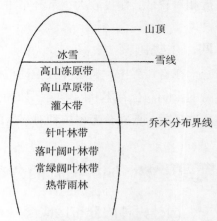

2．自然分布区与人工分布区

园林树木的自然分布区又称天然分布区，是园林树种依靠自身繁殖、侵移和适应环境能力而形成的分布区，如红桧天然分布仅见于台湾中央山脉、阿里山等海拔1500～2000m山地。

园林树木的人工分布区又称栽培分布区，是由于生产发展与科学研究工作的需要，自国外或国内其他地区引入园林树种，在新地区进行栽培而形成的分布区。其原来的天然分布区称为原产地，如原产澳大利亚的各种桉树，原产北美的刺槐在我国都有一定的栽培分布区域。国产树种如泡桐、沙棘、紫胶虫寄主树等，近年有大幅度的扩大栽培造林。

了解园林树种的天然分布区域和栽培分布区域，对开发利用和进一步掌握规划本地区园林树种具有很大的指导意义。

3．连续分布区与不连续分布区

园林树木的连续分布区是指某园林树种以大量个体较普遍地分布于适宜生存的范围。该范围内没有被不可逾越的生态障碍隔断而失去交流繁殖的可能性。如杉木、马尾松的分布区。

园林树木的间断分布区指某些园林树种由于本身的生态特性、地史变迁、人为影响及其他生态因素的影响，其个体星散分布于一些不连续的、彼此隔离的地区。各地区间被高山、海洋、不适宜气候或土壤等障碍隔开，种群间失去了基因交流的机会。如天女散花般间断分布于日本和我国辽宁东部、山东、安徽、浙江、福建、江西、湖南、贵州、广西等地，无连续分布现象。

三、我国主要园林树种的分布规律

我国树种及植被类型极为丰富。从南到北，由热带雨林一直到寒温带针叶林，几乎可以见到北半球所有的植被类型。在针叶林中，可以划分出寒温带针叶林、温带针叶林、暖温带针叶林和热带针叶林；在阔叶林中，可划分出夏绿阔叶林、常绿夏绿阔叶混交林、常绿阔叶林、硬叶常绿阔叶林、季雨林、雨林、珊瑚岛常绿林和红树林等，全国共划分出29个植被型560余个群系。从群系一级分析，则又反映出类型的极其多样性，如在寒温带针叶林中，可划分出40余个群系。

1. 寒温带针叶林区域

雨季受南海季风尾闾影响，其他季节皆为西伯利亚反气旋控制。长冬（9个月）无夏，降水集中在7、8月；年均温为-2.2～-5.5℃，最冷月均温为-28～-38℃，最暖月均温16～20℃；无霜期80～100d；年降水量350～550mm；地带性土壤类型为灰化针叶林土。主要分布在大兴安岭，主要观赏树种有落叶松（兴安落叶松）、獐子松、白桦、红皮云杉、水曲柳、胡桃楸、蒙古栎等。

2. 温带针阔叶混交林区域

受海洋气流影响，长冬（5个月以上）短夏，降水集中于6～8月；年均温为2.0～8.0℃，最冷月均温为-10～-25℃，最暖月均温21～24℃；无霜期100～180d；年降水量500～1000mm；地带性土壤类型为暗棕色及棕色森林土。主要分布在小兴安岭、长白山和三江平原，主要观赏树种有落叶松（又称兴安落叶松）、红松、枫桦、鱼鳞云杉、紫椴、臭冷杉、五角枫、赤松、糠椴、黄菠萝、茶条槭、山楂、胡桃楸、黄花落叶松、千金榆、裂叶榆、大果榆、青楷、花楸、岳桦、东北赤杨、东北红豆杉、稠李等。

3. 暖温带落叶阔叶林区域

夏季受南海与西南季风作用，在大陆低压控制下，冬季受蒙古、西伯利亚反气旋高压控制，春、夏、秋、冬四季分明，雨季在5～9月，干季在9月至翌年5月；年均温为9.0～14.0℃，最冷月均温-2.0～-13.8℃，最暖月均温24～28℃；无霜期180～240d；年降水量500～900mm；地带性土壤类型为褐色及棕色森林土。主要分布在我国的黄土高原和华北、辽河冲积平原，主要观赏树种有辽东栎、麻栎、栓皮栎、槲树、枫杨、紫椴、水榆、花楸、小叶杨、油松、日本黑松、日本落叶松、杨属、侧柏、花曲柳、香椿、臭椿、黄连木、白榆、楸树、元宝树、胡桃、栾树、白蜡树、黄檀、槐树等。

4. 亚热带常绿阔叶林区域

夏季受南海与西南季风作用，冬季东部受寒潮影响，西部受西来干热团影响；东部分四季（南部无冬），春、夏多雨，西部干、湿季明显，夏季多雨，冬、春干暖；年均温14～22℃，最冷月均温2.2～13℃，最暖月均温23～29℃；无霜期240～350d；年降水量800～3000mm；地带性土壤类型为黄棕壤和红、黄壤与砖红壤性红壤。主要分布在秦岭与南岭之间的丘陵、四川盆地、长江中下游平原、云贵高原等，主要观赏树种有麦吊云杉、铁坚杉、铁杉、榕木、毛叶连香树、鹅掌楸、水青冈、黑壳楠、黄杉、杜仲、水杉、柳杉、毛棬、棕榈、竹楸、枫香、灯台树、栗叶榆、蓝果树、安息香、华木荷、交让木、峨眉含笑、琅琊榆、椰榆、黄连木、醉翁榆、青檀、女贞、流苏树、宝华木兰、宝华鹅耳枥、金钱松、浙江楠、浙江樟、香樟、龙柏、落羽杉、薄壳山核桃、重阳木、大叶榉、大叶黄杨、七叶树、木莲、四川木莲等。

5. 热带季雨林、雨林区域

雨季受热带与赤道气团、台风和西南季风作用，干季东部受寒潮影响，西部受热带大陆气团控制，分干（11月至翌年4月）、湿（5～10月）季，年均温22.0～26.5℃，最冷月均温16～21℃，最暖月均温26～29℃；基本全年无霜；年降水量1200～3000mm；地带性土壤类型为砖红壤性土。主要分布在华南、西南和南海诸岛，主要观赏树种有木荷、米槠、青冈、罗浮栲、厚壳桂、鹅掌柴、鱼尾葵、树蕨木沙椤、山杜英、火力楠、竹柏、木麻黄、榕树、银桦、南洋楹、南洋杉、夜合花、荷花玉兰、白兰花、黄兰、阳桃、阴香、红千层、赤桉、柠檬桉、大叶桉、白千层、木棉、象耳豆、银合欢、羊蹄甲、洋紫荆、印度橡皮树、乌榄米仔兰、鸡蛋花、假槟榔、棕竹、可可、槟榔、丛生竹类等。

6. 温带草原区域

夏季多少受南海季风影响，冬季处在蒙古高压控制下，但西部可受西北气流影响，春、夏、秋、冬四季，降水集中夏季，春季为明显旱期，西部各季降水分布均匀。年均温为–3～8℃，最冷月均温–7～–27℃，最暖月均温18～24℃；无霜期100～170d；年降水量150～450mm；地带性土壤类型是黑钙土、栗钙土、棕钙土和黑垆土。这一区域东起松辽平原、中部为蒙古高原（海拔1000～1500m）、西南为黄土高原（1500～2000m）、西部有阿尔泰山，主要观赏树种有青海云杉、青杆、白杆、侧柏、杜松、小叶杨、青杨、白蜡、槲栎、糠椴、油松、丛桦、臭椿、槐树、栾树、白榆、香椿、泡桐等。

7. 温带荒漠区域

为蒙古、西伯利亚反气旋高压控制，东部夏季稍有南海季风影响，西北部春、夏季受西来气流影响，湿润，冬季为大陆气团控制，春、夏、秋、冬四季，东南降水集中夏季，西北降水较均匀，全年干旱；年均温4～12℃，最冷月均温为–6～12℃，最暖月均温为20～26℃；无霜期为140～210d；年降水量为210～250mm；地带性土壤类型为灰棕壤土与棕漠土。主要分布在阿拉善、准噶尔、塔里木等内陆盆地（海拔500～1500m）与柴达木盆地（2600～2900m）及一些较低矮的山地，主要观赏树种有新疆杨、银白杨、胡杨、白梭梭、怪柳、白榆、新疆大叶榆、大叶美国白蜡、美国白蜡、新疆核桃、蒙古柳、旱柳，泡桐、山楂、油松等。

8. 青藏高原高寒植被区域

高原冬季为西风带控制，形成青藏高压，夏季有高原季风复合作用，东南部夏季受西南季风控制，湿润，干季为10月至翌年5月，湿季为6～9月，干、湿分明，年均值为0～10℃；无霜期为0～180d；年降水量为50～800mm；地带性土壤类型为山地灰棕色森林土、高原草甸土、高寒草原土与高寒荒漠土，主要分布在我国西部的青藏高原（海拔4500mm以上），主要观赏树种有西藏红杉、西藏柏木、西藏冷杉、长叶云杉、丽江云杉、羊蹄甲、木菠萝、石栎、峨眉木荷、云南杜英、润楠、印度椿、羽叶楸、四数木、旱冬瓜等。

复习思考题

1. 园林树木生物学生态学习性的含义是什么？

2. 如何理解园林树木的分布区？有哪些类型？

3. 根据生物学习性，我国园林树木可分为哪些分布区域类型？

第五章　园林树种的选择与配置

园林绿化树种的调查规划

一、园林树种调查规划的意义

　　树种规划是关系到该地区园林绿化成败的重要环节。因为当前城市园林绿化工作以树木为骨干材料，如不及早做出恰当选择和合理安排，等到10~20年后如果发现问题，就将造成后悔莫及的损失。因此，可以认为树种选择与规划是城市园林建设总体规划的一个重要组成部分，既要满足园林绿化的多种综合功能，又要适地适树，因地制宜，采取积极而又慎重的态度去努力做好。

　　武汉市园林局通过组织有关学会对武汉的园林树种进行了较全面的调查，并从历史文献中查找资料，最后讨论确定出10种骨干乔木（马尾松、樟树、广玉兰、桂花、悬铃木、枫杨、枫香、黄连木、楝树、梧桐），他们的目标是"绿荫覆盖、清香四溢、红叶冬夏长青"，要求既体现出江城风格，又要讲求防护功能，美化，彩化和因地制宜，适地适树。近年来他们又着重发展池杉、落羽杉、水杉，并列为骨干之骨干，即城市基调树种，既符合当前形势的要求，又切合园林结合生产的需要。其他如南宁、昆明、郑州等城市均进行了科学的树种规划。

二、园林树木的调查

　　园林树木的调查是通过具体的现状调查，对当地过去和现有树木的种类、生长状况、与生境的关系、绿化效果、功能表现等各方面作综合的考察，是今后规划能否做好的基础，所以一定要认真细致，以科学的态度、实事求是的精神来对待。

　　具体的树种调查首先要明确调查目的，其次还要清楚调查对象和调查区域，准备调查仪器及用品，细化树木调查内容、方法与步骤等。

三、园林树木的规划

一个城市或地区的树种规划工作应当在树种调查结果的基础上进行。但是一个好的树种规划，仅仅依据现有树种的调查仍是不够的，还必须充分明确树种规划应遵循的原则。此外，还应认识到树种规划本身也不是一成不变的，随着社会的发展、科学技术的进步以及人们对环境要求的提高，树种规划在一定时期以后还应作适当的修正补充。

1. 符合植被自然规律——地带性原则和潜在植被原则

自然界每一个气候带都有其独特的植被群落类型，高温高湿的热带是热带雨林，季风亚热带是常绿阔叶林，四季分明的温带是落叶阔叶林，寒冷的寒温带则是针叶林，这是植被分布的自然规律——地带性原则，所以树种规划要符合本地森林植被中所展示的自然规律。地带性原则也是适地适树的原则。以乡土树种为主，是该原则的具体体现。乡土树种具有为人民喜闻乐见、最易体现民族特点和地方风格、最能抵抗灾难性气候及种苗就近易得等块点。例如有刺槐半岛之称的青岛，可将刺槐作为特色树种之一。南昌可将香樟和杜英作为特色树种，北京可将白皮松作为特色树种之一。

有时城市及其周边因为长期的人为影响，地带性的自然植被也已不复存在，则需要人们不被假象所迷惑，找出该地区气候和土壤条件下能够发展到的自然潜在植被类型，发挥最大的绿化作用和效益，这是较好的园林树木规划的方法和途径。

2. 根据地区具体情况，符合城市的性质特征，科学确定基调树种和骨干树种

好的树种规划应体现出不同性质城市的特点和要求。确定的基调树种和骨干树种要求对本地风土及当地具体条件适应性强、抗逆性强，而且具有病虫害少，特别是没有毁灭性病虫害，能抵抗、吸收多种有害气体、易于大苗成活、栽植管理简便等优点。

3. 以乔木为主，乔、灌、藤、草合理结合

乔木是骨架，灌木是肌肉，藤本是筋络、草坪地被是肤毛，四者紧密结合，构成复层混交、相对稳定的人工植物群落，充分体现我国园林绿化的优点与特点。

4. 选用长寿、珍贵的树种

注意慢生树与快长树的衔接问题，大力促使长寿而珍贵的慢生树快长。

5. 适当选用少量经过长期考验的外来树种

对于外来树种要从全面考虑的积极态度，采取适当措施，给予合理安排。充分利用城市众多的建筑物之间形成大量的小气候环境，引进使用更多的树种，丰富城市的景观。

总之，有了科学合理的树种规划，就可以使园林建设工作少走弯路，避免浪费，有效地保证园林建设工作的发展和水平的提高。

第二节　园林树种选择的原则

园林树种的选择是指根据园林绿地的立地条件，选择和其立地条件相适应的树种。园林树种的配置是利用树木塑造景观，指园林树木在园林绿化中栽植时的组合和搭配方式。即通过人为手段将园林树木进行科学的组合，充分利用和发挥树木本身形体、线条和色彩上的自然美，构成一幅动态的画面供人们欣赏，以满足园林各种功能和审美的要求，创造出生机盎然的园林景观。园林树木选

择与配置的基本要求和任务是根据园林树木的一般习性，按照生态、适用、美观、经济的原则和满足综合功能的要求，合理地选择搭配树种，组成一个相对稳定的人工群落。

在园林工作中，如何正确地选择树种，并合理地加以配置，成功地组织和建立园景，是一个十分重要的问题。在一个公园或风景区里，树木的栽培决不是简单的罗列、任意拼凑的乱栽，而是要从园林树木的审美和实用出发，充分发挥园林树木的综合功能，把树木布置得主次分明，构成一幅错落有致、疏密相间、晦明变化的美丽图景，在构图上能与各种环境条件相适应、相调和，使人们感到美观大方、合情合理，不致产生生硬做作，枯寂无味的感觉。因此，在树种的选择与配置上应遵循几项原则。

一、功能性原则

园林树木的选择与配植首先要从园林的性质和主要功能出发。城乡有各种各样的园林绿地，因其设计目的的不同，主要功能要求也不一样，园林树种的选择与配植应考虑到绿地的主要功能，起到强化和衬托的作用。如以提供绿荫为主的行道树，应选择冠大阴浓、生长快的树种，并按列植方式配植在街道两侧，形成林荫路；以美化为主的地段则应选择树形、叶、花或果实具有较高观赏价值的树种，以丛植或列植方式在行道两侧形成带状花坛，同时还要注意季相的变化，尽量做到四季有绿、三季有花；在公园的娱乐区，树木配植以孤植树为主，使各类游乐设施半掩半映在绿荫中，供游人在良好的环境下游玩；在公园的安静休息区，应配植以利于游人休息和野餐的自然式疏林草地、树丛和孤植树为主；对于儿童乐园、小游园性质的绿地，可选用姿态优美、花繁叶茂、无毒无刺的花灌木，采用自然式配植方式，生动活泼；对于纪念性的公园、陵园，要突出它的庄严肃穆的气氛，应选择松柏类等常绿、尖塔形树冠、外形整齐的树种，以喻流芳百世、万古长青。因此，对于不同的绿地，在选择与配植树种时首先要考虑其性质，尽可能满足绿地的功能要求。

二、艺术性原则

园林绿地不仅有实用功能，而且要形成不同的景观，给人以视觉、听觉、嗅觉上的美感，属于艺术美的范畴，在园林树种选择与配置上也要符合艺术美的规律，合理地进行搭配，最大程度地发挥园林树木"美"的魅力。如行道树、列植的树木要求较高的一致性和统一性；而多数非列植的园林树木则更强调在形态、色彩等方面的对比与衬托。

园林树木的应用应注重形体、色彩、姿态和意境等方面的美感，在选择与配置时应充分发挥树木本身具有变化的外形、多样的颜色和丰富的质感等方面的美学特点，运用艺术手段，符合功能要求，创造充满诗情画意的植物景观。如尖塔形、圆锥形树木能表现庄严、肃穆的气氛，可应用于规则式园林和纪念性区域；垂枝形树木形态轻盈、活泼，适宜在林缘、水边或雕塑的背景材料；紫色或红色叶的树木能提供活泼的气氛，使环境产生温暖感，颜色醒目，孤植或丛植可起到引导游人视线的作用。

1. 因地制宜

不同的绿地、景点、建筑物性质不同，功能不同，在园林树木选择与配置时要体现不同的风格。公园、风景点要求四季美观，繁花似锦，活泼明快，树种要多样，色彩要丰富；寺院、古迹则求其庄严、肃穆，选择配置树种时必须注意其体形大小、色彩浓淡，要与建筑物的性质和体量相适应，轻快的廊、亭、榭、轩，则宜点缀姿态优美、绚丽多彩的花木，使景色明丽动人。

2. 因时制宜

树木是有生命的园林构成要素，随着时间的推移，其形态不断发生变化，并随着季节的变化而呈现出不同的季相特点，从而引起园林景观的变化。因此，在树种选择与配置时既要注意保持景观的相对稳定性，又要利用其季相变化的特点，创造四季有景的园林景观。为了达到树木配置的设计要求，在树种选择上就要充分考虑其可能形成的景观效果，采用速生树种和慢生树种结合，成形快，并为今后发展留的余地。在重点景区或景点，既要突出主要的观赏植物，也要考虑四季变化，配置一些其他的树种，做到四时有景，多方胜景，避免景色单调。

3. 因材制宜

园林树木的观赏特性千差万别，给人的感受也有区别。在选择与配置时可利用树木的姿态、色彩、芳香、声响方面的观赏特性，根据功能需求，合理布置，构成观形、赏色、闻香、听声的景观。如龙柏、雪松、银杏等树种，形体整齐、耸立、以观形为主；樱花、梅花、红枫等以赏色为主；白兰、桂花、含笑等则以闻香为主；"万壑松风"等主要是听其声。利用树木的观赏特性，创造园林意境，是我国古典园林中常用的传统手法。如把松、竹、梅喻为"岁寒三友"，是运用园林树木的姿态、气质、特性给人的不同感受而产生的比拟联想，即将树木人格化，从而在有限的园林空间内创造出无限的意境。

三、生态性原则及经济性原则

生态性原则是树种选择的科学性要求，在社会学方面的体现即为经济性原则。

生态适应性强的树种莫过于乡土树种，栽植成活率高，寿命长，养护管理成本亦低，其经济性则强。充分利用乡土树种，适应性强，苗木易得，又可突出地方特色。如南京梅花山的梅花，栖霞山的红枫，都较好地体现出地方特色和民族风格。我国是一个树木资源十分丰富的国家，各地都有独具特色的乡土树种，若能善于利用这些丰富的树木资源，在树种选择与配置方面就会有新的突破。

各种园林树种在生长发育过程中，对光照、温度、水分、空气等环境因子都有不同的要求。在树种选择与配置时，首先要满足其生态要求，在了解树木生态习性的基础上，根据当地生态条件选择树种，做到因地制宜，适地适树，使树木正常生长，并保持一定的稳定性。其次要合理配置，从树木的生态习性、观赏价值及周围环境的协调性等方面来考虑，在平面上要有合理的种植密度，使树木有足够的营养空间和生长空间，从而形成较为稳定的群体结构。为了在短期内达到配置效果，可适当增大密度。在竖向设计上也要考虑树种的生物特性，注意将喜光与耐阴、速生与慢生、深根性与浅根性等不同类型的树种合理的搭配，在满足树木生态条件下创造稳定的植物景观。如由于树木对光的需求量不同，建筑物的南面和孤植树宜选用喜光树种，建筑物北面宜选用耐阴树种；由于树木对水分需求量的不同，在湖岸、溪流两侧或低湿地可栽植喜湿耐涝树种，在灌溉条件较差的干旱地可栽植耐干旱树种。

在条件成熟的情况下，适当选择应用经过引种驯化的外来树种和一些名贵树种，丰富物种生物多样性，可充分发挥不同树种的不同观赏价值。尽量注意景观建设的长短期效果的结合问题，考虑大苗与小苗的结合使用。

此外，有许多树种具有各种经济用途，应当对生长快、材质好的速生、珍贵、优质树种，以及其他一些能提供贵重林副产品的树种给予应有的位置，也是经济性的体现，如柿树、核桃、杏树、银杏、杜仲、黄连木、文冠果等。

第三节　园林树种的配置方式

配置方式是指在园林中树木搭配的样式。要根据具体绿化环境条件而定，一般可分为规则式配置、自然式配置和混合式配置三大类。规则式配置排列整齐、有固定的形式，有一定的株行距规律；自然式配置自然灵活，参差有致，没有显而易见的株行距规律。不同的配置方式应用于不同的场合，树种选择也各有差异。

一、规则式配植

选择树形美观、规格一致的树种，按固定的株行距配植成整齐一致的几何图形。树木的栽植按几何形式，即按照一定的株行距和角度有规律地栽植。多应用于建筑群的正前面、中间或周围，配置的树木要呈庄重端正的形象，使之与建筑物协调，有时还把树木作为建筑物的一部分或作为建筑物及美术工艺来运用（图5-1）。

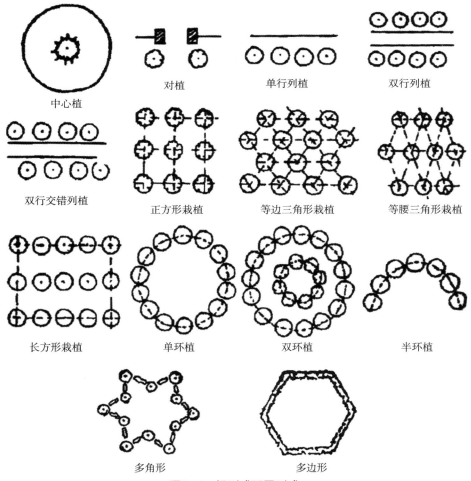

图5-1　规则式配置形式

1. 中心植

单株或单丛树栽植于广场、树坛、花坛等构图的中心位置，以强调视线的焦点。以选用树形整齐、轮廓线鲜明、生长慢、高大挺拔的常绿树种为宜，如铅笔柏、云杉、雪松、苏铁等。

2. 对植

两株或两丛同种、同龄（形体大小一致）的树种左右对称地栽植在构图中轴线的两侧。常运用于建筑物前、大门或门庭的入口处，以强调主景。要求树木形态整齐美观，大小一致，多用常绿树种，如龙柏、云杉、冷杉、柳杉、广玉兰等。

3. 列植

树木按一定的几何形式行列式栽植，有单列、双列、多列等方式。一般为同种、同龄树种组成，株距与行距可以相同也可以不同。多用于行道树、防护林带、绿篱、果园、造林地等。这种方式有利于通风透光，便于机械化管理。

4. 三角形植

树木以固定的株行距按等边三角形或等腰三角形的形式种植。每株树冠前后错开，故可在单位面积内比用正方形方式栽植较多的株数，可经济利用土地面积。但通风透光较差，机械化操作不及正方形栽植便利。等边三角形方式有利于树冠和根系对空间的充分利用。

5. 多角形植

按一定株距把树木栽植成多角形。包括单星、复星、多角星、非连续多角形等。

6. 多边形植

按一定株距把树木栽成多边形。包括正方形、长方形栽植和有固定株行距的带状栽植。包括各种连续和非连续的多边形。

7. 环植

按一定的株距把树木栽植成圆环。有环形、半圆形、弧形、双环、多环、多弧等几何图案组成，可使园林构图富于变化。

二、自然式配置

自然式配置是仿效树木自然群落表现的配置方式，也称不规则式，以创造拟自然的环境。采用的树种最好是树姿生动，叶色富于变化，有鲜艳花果者为好。就其配置形式来讲，不是直线的、对称的，而是三五成群，有远有近，有疏有密，有大有小相互掩映，生动活泼，宛如天生。

1. 孤植（独植、单植）

孤植是指一株树单独栽植，或两、三株同种树栽在一起而仍起一株树的效果。孤植不只是单株栽植而言，而是泛指孤立欣赏的意思。这种方式最能显现树木个体自然美。对树木的姿态、色彩等都要求具有优美独特的风格，在园林的统一体中，与周围环境有着密切的联系。所以种植地点不能孤立地只注意到树种本身而必须考虑其与环境间的对比及烘托关系。栽植的位置要突出，常是园景构图的中心焦点和主体，一般应选择开阔空旷的地点，如大面积的草坪上、花坛中心、道路交叉点、道路转折点、缓坡、平阔的湖池岸边等。在选择孤植树时要求姿态丰富，富于轮廓线，有苍翠欲滴的枝叶；体形高大雄伟，树冠要开展，可以形成绿荫，供夏季游人纳凉休息；色彩要丰富，随季相的变化而呈现美丽的红叶或黄叶；最好具有香花或美果。

可用作孤植的树种有银杏、南洋杉、雪松、白皮松、油松、金钱松、圆柏、侧柏、云杉、悬铃木、臭椿、栾树、榕树、香樟、海棠、樱花、梅花、凤凰木、槐树、七叶树、玉兰、广玉兰、木棉、枫香等。

2．丛植（树丛）

丛植是指由两三株至一二十株同种或不同种树木较紧密地种植在一起，树冠线彼此相连形成一个整体轮廓线的种植方式。丛植有较强的整体感，少量株数的丛植亦有独赏树的艺术效果。丛植在园景构图上是以群体来考虑的，主要表现的是群体美，它对环境有较强的抗逆性，在艺术上强调了整体美。但同时还要表现出个体美。树丛和孤植树是园林中华丽的装饰部分，它们的功能是作主景、配景和遮阴。作主景用的树丛其配置手法与孤植树相同。

丛植需严格考虑好种间关系和株间关系，在整体上注意适当密植，以促使树丛及早郁闭；在混交时尽量考虑阳性树与阴性树、速生树与慢生树、乔木与灌木的有机结合，并注意病虫害问题。

3．群植（树群）

由二三十株以上至数百株左右的乔、灌木成群配植称为树群。是比树丛更大的群体，可以由单一树种组成也可由不同树种组成。在园林构图上只表现群体美，而不表现个体美，树群内部各植株之间的关系比树丛更加密切，但又不同于森林，对于小环境的影响没有森林显著，不能像森林那样形成自己独特的社会和森林环境条件。群植由于株数较多，占地面积较大，在园林中可应用于较大面积的开阔场地上作为树丛的陪衬（伴景），也可种植在草坪或绿地的边缘作为背景，在自然风景区也可作主景，两组树群相邻时又可起到透景、框景的作用。

树群不但有形成景观的艺术效果，还有改善环境的效果。在群植时应注意树群的林冠线轮廓以及色相、季相效果，做到"春季早临，秋色晚归，四季常青，三季有花"，更应注意树木间、种类间的关系，务求能保持较长时期的相对稳定性。

① 单纯树群。以同一种树种组成的单纯树群，如圆柏、松树、水杉、杨树等，给人以壮观、雄伟的感觉。多以常绿树种为好，但林相单纯，显得单调呆板，而且生物学上的稳定性小于混交树群。

② 混交树群。在一个树群中有多种树种，由乔木、灌木等组成。在配置时如果用常绿树种和落叶树种混交时，常绿树种应为背景，落叶树种在前面；高树在后面，矮树在前面；矮常绿树可以在前面或后面；具有华丽叶片、花色的树在外缘，组成有层次的垂直构图。树群的树种不宜过多，最多不超过5种，通常以1~2种为主，作基调。要注意每种树种的生长速度尽量一致，以使树群有一个相对稳定的理想外形。

4．片林（林植）

片植是较大面积、较大规模的多数植株成带、成片的栽植方式。如城乡周围的林带、工矿区的防护林带、自然风景区的风景林等。它形成自己独特的森林社会，对小气候的影响方面与森林相似，在结构上与树群相同。可以组成单纯片林或混交片林。应用林植应注意群体内、群体间及群体与环境间的生态关系。在自然风景林区应配置色彩丰富、季相变化的树种，还应注意林冠线的变化、疏林和密林的变化。在林间设计林间小道，以方便人们游赏、小憩。

5．散点植

以单株或双株、三株的丛植作为一个点，在一定面积上进行有韵律、有节奏的散点种植。对每个点不是如独赏树的给以强调，而是着重强调点与点之间的相互呼应的动态联系，既能表现个体的特性，又能体现树种间的联系，使其处于无形的联系中，正好似许多音色优美的音符组成一个动人的旋律一样能令人心旷神怡。

在一个大面积的绿地上，从孤植树、树丛、树群到片林的配置，应协调分布，渐次过渡，使人产生深远的感觉。例如以风景林或树群作背景，配上颜色不同而和谐的树丛和孤植树，就可以形成各种不同的局部景观。巧妙的配置使游人在不同的方向眺望出去都可以看到许多不同的优美画面。

三、混合式配置

在一定单元面积上采用规则式与不规则式相结合的配植方式称为混合式。这种方式常应用于面积较大的公园和风景区中。

复习思考题

1. 如何规划城市园林绿化树种？
2. 园林树木的选择和配置原则有哪些？
3. 园林树木规则式配置有哪些？以公园的实例说明。
4. 园林树木自然式配置有哪些？以公园的实例说明。

第六章 园林树木的栽植

栽植是种植秧苗、树苗或大树的一种作业。园林树木栽植主要包括土地准备、起苗、搬运、栽植四个基本环节。土地准备主要是整地和挖穴。起苗指将园林苗木从土中挖起，其中分为裸根起苗和带土球起苗。搬运指用一定措施（人力或机械设备）将园林树木从起苗地点运至目的地。栽植指按照设计要求将园林树木种植于树穴（坑）中的过程。裸根苗在起苗后不能及时栽植时，用土埋根称为假植，分临时假植和越冬假植。起苗后经历短时间埋植后再栽植的假植方法称为临时假植。秋季起苗后当年不造林的树木，要通过假植进行越冬，这一假植方法称为越冬假植。树木在种植后根据设计要求更换种植地点，这一过程称为移植。根据设计要求将树木栽植后不再移动称为定植。

第一节　园林树木栽植成活的原理

要保证栽植的树木成活，必须掌握树木生长规律及其生理变化，了解树木栽植成活的原理。一株正常生长的树木，根系与土壤密切结合使树体的生长需求得以满足。苗木一经挖（掘）起，大量的吸收根被损失，并且（裸根苗）全部或（带土球苗）部分脱离了原有协调的土壤环境，易受外界自然环境和人为损伤等影响，破坏了苗木的正常生长环境，其中特别是苗木的水分平衡被破坏，严重影响了苗木的成活，所以苗木栽植过程要尽可能地多带根系、增大土球，减少树叶、修剪树枝、包装树干，这些措施就是为了减少地上部分的水分蒸腾，增加根系的水分吸收，以保障树体的水分平衡，从而更大限度地保障苗木栽植成活。

综上可知，如何使新栽的树木与环境迅速建立密切联系，及时恢复树体以水分代谢为主的生理平衡是栽植成活的关键。一般来说，树木栽植时有充足的水分和适宜土壤和气候条件更容易成活。因此，园林树木的栽植应选择在最适宜的时期进行。就多数地区和大部分树种来说，晚秋和早春为适宜的栽植时期。晚秋是指树木地上部分进入休眠，根系仍能生长的一段时期；早春是指气温回升土壤刚解冻，树木根系已能开始生长，而枝芽尚未萌发的一段时期。树木在这两个时期内，树体营养贮藏丰富，土温适合根系生长，地上部分生长缓慢，蒸腾量少，容易保持水分代谢平衡。至于树木春栽还是秋栽，应根据当地具体条件而定。一般情况下，冬季寒冷地区和在当地不甚耐寒的树种宜春栽；冬季较温暖和在当地耐寒的树种宜秋栽。夏季由于气温高，植株生命活动旺盛，一般不宜栽植。但如果夏季正值雨季，由于供水充足，土温较高，有利根系再生，空气湿度大，枝叶蒸腾少，在这种条件下也可以进行栽植。冬季时植株地上部分蒸腾量少，也可以移栽，但要看树种（尤其是根系）的抗寒能力，只有在当地抗寒性很强的树种才可冬季栽植。

第二节　栽植技术

一、栽植过程中各环节的关系

在树木的栽植过程中，即起苗、运输、定植、栽后管理这四大环节必须紧密衔接才能保证被栽植树木不致失水过多导致栽植失败。栽植的四个环节，应密切配合，尽量缩短时间，最好是随起、随运、随栽和及时管理。因此，首先必须提高操作人员对栽植过程各环节重要性的认识，严格按照操作规程操作，不使伤根过多；大根尽量减少劈裂，对已劈裂的应进行适当修剪补救。对绝大多数树种来说，起出后至定植前，最重要的是保持其根部湿润，不受风吹日晒。尤其对长途运输的苗木来说，应采取根部保湿措施（如用薄膜套袋、蘸泥浆并填加湿草包装保湿，以免泥浆干后影响根呼吸，栽前还应浸水等）。为防止常绿树种枝叶蒸腾水分，可喷蒸腾抑制剂和适当疏枝剪叶。

同种不同年龄的树木，幼、青年期容易移栽成活，壮、老龄树不易移活。因此，绿化施工时，应根据具体树种、年龄采取不同的技术措施。容易移栽的树种，施工过程可适当简单些，一般都用裸根移栽法，包装运输也较简便。多数落叶树比常绿树较容易移栽成活，但具体不同树种对移栽的反应有很大差异。有些树木根系受伤后的再生能力强，很容易移栽成活，如杨、柳、榆、槐、银杏、椴树、槭、蔷薇、紫穗槐等；比较难移的有苹果、七叶树、山茱萸、云杉、铁杉等；最难移的有木兰类、山毛榉、白桦、山楂和某些桉树类、栎类等。对于难移栽的树木，必须做好充分准备，灵活运用各种栽植施工技术。多数常绿树和壮老龄树以及某些难移活的落叶树，必须采用带土球移栽法。

二、栽植前的准备

园林树木栽植是一项时效性很强的系统工程，其准备工作的充分与否，直接影响栽植进度与质量，影响树木的栽植成活率及树体的生长发育，进一步影响园林景观效果的表现和生态效益的发挥。因此栽植前必须给予充分的认识和重视，做好一切准备工作。

1. 了解设计意图与工程概况

园林树木栽植前首先应了解设计意图，了解所达预想目的或意境以及施工完成后所达到的效果。此外，通过设计单位和工程主管部门还应了解到以下工程概况。

① 栽植与其他相关工程。与栽植相关的其他工程包括铺草坪、道路、给排水、山石、园林设施等，各项工程应根据施工设计有步骤、有计划地进行。

② 施工期限。施工期限包括工程的起始和竣工日期。根据工程的施工期限，合理安排每种树

木的栽植完成日期，以保证不同类别树木的栽植在当地最适栽植期间进行。

③ 工程投资和预算。工程投资和预算包括了解主管部门批准的投资数额以及预算的具体依据，以备编制精确的施工预算计划。

④ 施工现场情况。施工现场情况包括地上和地下。地上情况主要指地面杂物及其相应处理。地下情况主要指管线、电缆及其他地下设施的分布情况。

⑤ 定点放线的依据。施工人员接到设计图纸后，应到现场核对图纸以了解地形、地上物和障碍情况，作为定点放线的依据。

⑥ 施工材料来源和运输条件。施工材料来源和运输条件主要包括苗木出圃地点、时间、质量和规格要求等内容。

2. 现场踏勘与调查

在了解设计意图和工程概况之后，负责施工的主要人员还必须亲自到现场进行细致的踏勘与调查。了解地形、土质和地下水文情况，清理对栽植施工有影响的障碍物。必要时根据设计图纸进行地形整理，尤其是城市建筑弃地、垃圾弃地等情况复杂的不适宜于所栽植树木正常生长的栽植现场，应进行细致整地包括换土等措施改善土壤条件。

3. 制定施工组织方案

在了解设计意图和工程概况的基础上，组织有关技术人员研究制定出全面、细致的施工组织方案，以保证各项施工项目能够相互衔接，顺利完成施工任务。施工组织方案主要包括以下几个方面。

① 工程概况。包括工程名称、工程内容、工程地点、参加施工单位、设计意图与工程意义、有利和不利条件等内容。

② 施工方法和施工进度。施工方法主要涉及使用机械、人工及其主要环节等内容；施工进度分单项进度与总进度，都要规定起止日期、用工量、定额和进度。

③ 劳动计划。根据工程任务量及劳动定额，计算每道工序所需的劳力和总劳力，并确定劳力来源，使用时间及具体的劳动组织形式。

④ 施工组织机构。施工组织要设指挥部，下设办公室、工程组、技术组、苗木组、政工组、后勤组、安全和质检组等，每一组都要明确其职责范围和负责人。

⑤ 施工现场平面布置。包括交通线路、材料存放、水、电源、放线基点、施工人员生活区等位置的设置。

⑥ 苗木、工程材料的供应。按照工程要求及时供应苗木才能保证整个工程按期完成，苗木供应要明确苗木种类、规格、数量、来源和供苗日期；根据工程的需要提出工具、材料的供应方案，包括用量、规格、型号和使用日期等。

⑦ 施工技术和质量管理措施。包括制定工程操作细则，确定工程质量标准和成活率指标，制定质量检查和验收方法等。

⑧ 施工预算。依据设计预算，结合工程实际情况、质量要求和当时市场价格编制合理的施工预算方案。

4. 施工现场清理

为了便于栽植工作的进行，对施工现场进行清理，包括拆迁和清理有碍施工的障碍物，按照设计图进行地形地势整理和栽植地（平缓地、山地、建筑地、市政工程现场等）的整理。

5. 苗木准备

关于栽植树种及其年龄与规格，应根据设计要求进行选定。在栽植施工之前，应对苗木的数量、质量、繁殖方式和质量情况详细调查。

（1）苗木数量

依据施工设计图纸和相关资料，计算每种苗木的需要量。

（2）苗木质量

苗木质量的好坏直接影响到栽植的成活率及绿化效果，因此在栽植前应认真筛选质量好的苗木。高质量的园林苗木应具备以下条件。

① 根系发达、完整，主根短直，接近根颈一定范围内要有较多的侧根和须根，起苗后大根系应无劈裂。

② 苗干粗壮通直，有一定的适合高度，枝条苗壮、不徒长。

③ 主侧枝分布均匀，能构成完美树冠，要求丰满。主枝有较强优势，具有健壮的顶芽，侧芽发育正常、饱满。

④ 无病虫害和机械损伤。

（3）苗木来源和种类

不同来源苗木关系到苗木的准备工作，因此应该详细了解苗木的来源。园林绿化苗木的来源主要有以下几种。

① 当地苗圃苗木。当地苗圃苗木种源清楚，苗木对当地的气候及土壤条件有较强的适应性，苗木随起随栽，成活率高，能有效降低病虫害的传播，并能有效减少施工费用。因此当地苗圃苗木为园林绿化苗木的最佳来源。

② 外地购买苗木。从外地购买苗木能够解决当地苗木供应不足的问题。当必须从外地购买苗木时，必须在栽植前数月在拟购地区考察，详细调查欲购苗木的种源、年龄、栽培方式、生长状况等内容，严把苗木质量关，并做好检疫以防将病虫害带入本地。

③ 园林绿地苗木。园林绿地建设初期密植，待苗木长大后再进行移植，这类来源的苗木称为园林绿地苗木。园林绿地苗木存在根系发育受限、根盘小、须根少、枝条发育不饱满等情况，因此在栽植时应做好相应的准备工作，确保有较高的成活率。

④ 野外收集苗木。野外的苗木大部分为实生苗，同时野外收集的苗木主要为大树，这些苗木存在主根发达但须根少、移栽后易发生枝枯和日灼等情况，因此移栽前做好准备工作，制定适当措施提高成活率。

（4）苗（树）龄与规格

苗木的年龄和规格直接影响到其种植成活率、工程成本、绿化效果和栽后养护等方面。幼龄苗，植株较小，根系分布范围小，起掘时根系损伤率低，移栽过程较简便，起掘过程对树体地下部分与地上部分的平衡破坏较小，栽后受伤根系再生力强，恢复期短，故成活率高。幼龄苗整体上营养生长旺盛，对栽植地环境的适应能力较强，但由于株体小，容易遭受人畜的损伤，尤其在城市条件下，更易受到外界损伤，甚至造成死亡而缺株，影响绿化效果。壮老龄树木，根系分布深广，起掘伤根率高，故移栽成活率低，因此必须带土球移植。但壮老龄树木，树体高大，姿形优美，移栽成活后能很快发挥绿化效果，对重点工程在有特殊需要时，可以适当选用。

三、栽植程序

园林树木的栽植程序大致包括定点放线、挖穴、起（掘）苗、包装，运苗与假植、修剪与栽植、栽后养护与现场清理等环节。

1. 定点放线

定点放线就是根据设计图纸在栽植现场通过测量定出苗木的栽植位置和相应株行距。种植方式分为规则式和自然式。

① 规则式种植的定点放线。这种放线方法比较简单，可以地面固定设施为准来定点放线，要求做到横平竖直，整齐美观。其中行道树可按道路设计断面图和中心线定点放线；道路已铺成的可依据道牙距离定出行位，再按设计确定株距并标示。为有利于栽植行保持笔直，可每隔10株于株距间钉一木桩作为行位控制标记，标记时还注意树木与邻近建筑物、人行道边沿等的适宜水平距离。

② 自然式种植的定点放线。自然式的种植设计多见于公园绿地，如果范围较小，场内有与设计图上相符、位置固定的地物（如建筑物等），可用"交会法"定出种植点。即由2个地物或建筑平面边上的2个点的位置，各到种植点的距离以直线交会来定出种植点。如果在地势平坦的较大范围内定点，可用网格法。即按比例绘在设计图上并在场地上丈量划出等距之方格。从设计图上量出种植点到方格纵横坐标距离，按比例放大到地面，即可定出。对测量基点准确的较大范围的绿地，可用"平板仪定点"。

③ 定点要求。对孤赏树、列植树应定出单株种植位置，并标示和钉上木桩，写明树种、挖穴规格；对树丛和自然式片林定点时，依图按比例先测出其范围，并标示范围线圈。其内，除主景树需精确定点并标明外，其他次要同种树可用目测定点。

2. 挖穴

栽植点位置确定后，即可根据树种根系特点（或土球大小）、土壤情况来决定挖穴的规格。一般应比规定根幅范围或土球大，应加宽放大40～100cm，加深20～40cm，这样能保证所栽植苗木根系充分舒展，栽植踩实时不会使根系劈裂、卷曲或上翘，造成不舒展而影响树木生长。挖穴时以规定的穴径画圆，沿圆边向下挖掘，把表土与底土按统一规定分别放置，并不断修直穴壁达规定深度，使穴保持上口沿与底边垂直，大小一致。切忌挖成上大下小的锥形或锅底形。

遇坚实之土和建筑垃圾土应再加大穴径，并挖松穴底；土质不好的应过筛或全部换土。在黏重土上和建筑道路附近挖穴，可挖成下部略宽大的梯形穴。

3. 起（掘）苗

起（掘）苗木是园林树木栽植中重要的一道程序，正确的起（掘）苗操作技术、适宜的土壤湿度和包装材料、合适的工具等是保证苗木质量的关键因素。因此，在起（掘）苗前应做好相关准备工作，按操作规程认真进行并在起（掘）苗后作适当的处理和保护。

（1）起（掘）苗前的准备

按施工设计要求选择合适的苗木并标记，称为"号苗"。对枝条分布较低的常绿针叶树或冠丛较大的灌木、带刺灌木等，应先用草绳将树冠适度捆拢，以便操作。为便于挖掘操作和少伤根系，苗地过湿的应提前开沟排水；过干燥的应提前数天灌水。对生长地情况不明的苗木，应选几株进行试掘，以便决定采取相应措施。起苗还应准备好锋利的起苗工具和包装运输所需的材料。

（2）起苗方法与质量要求

按所起苗木是否带土，分为裸根起苗和带土球起苗，其方法与质量要求不尽相同。

① 裸根起苗。裸根起苗适用于大多数阔叶树在休眠期的栽植。起苗时以树干为圆心，以胸径的4~6倍为半径（灌木按株高的1/3为半径定根幅）在树周围画圆，然后于圆外用铁锹绕树起苗，垂直挖下至一定深度，切断侧根，尽可能多的保留根系。如遇难以切断之粗根，应把四周土掏空后，用手锯锯断。切忌强按树干和硬切粗根，造成根系劈裂。根系全部切断后，放倒苗木，轻轻拍打外围土块，对已劈裂之根应进行修剪。如不能及时运走，应在原穴用湿土将根覆盖好，应短期假植；如较长时间不能运走，应集中假植。

② 带土球起苗。多用于常绿树、名贵树和花灌木苗木的栽植。土球直径为树干胸径的6~8倍，土球纵径通常为横径的2/3左右。

a. 土球的挖掘。起（掘）苗时先除去苗木周围无根系生长的表层土，在应带土球直径的外侧挖一条操作沟，沟深应与土球高度相等，遇到细根用铁锹铲断，较粗的根则用手锯锯断。挖至规定深度时用铁锹将土球表面及周边修平，使土球呈苹果形。最后从土球底部斜向内切断主根，使土球与地底分离，然后对土球进行包扎。

b. 土球的包扎。土球较小（直径小于30cm）时采用简易包扎法，即将包扎材料（编织布、塑料薄膜、草片等）摊平，将土球放上，将包扎材料由底部向上翻包，然后在树干基部扎牢。如果土球较大，应采用大树移植工程中土球的包扎方法，具体操作方法请参见大树移植技术相关内容。

4. 运苗与假植

（1）运苗

运苗过程中应垫上草袋、蒲包等物品以防止磨损根皮、枝干，同时还应及时洒水保证苗木根部湿润。

① 裸根苗运输。裸根苗装车应根系向前，树梢向后，顺序安放，不要压得太紧，做到上不超高（以地面车轮到苗最高处不许超过4m），梢不拖地（必要时可垫蒲包用绳吊拢），根部应用苫布盖严，并用绳捆好。远距离运输裸根苗时，常把苗木根部浸入泥浆中浸蘸后用蒲包或草席等物包裹，再用苫布盖好根部以防失水。

② 带土球苗运输。带土球苗装运时，2m以下苗木可立放；2m以上的苗木应使土球在前，梢向后，呈斜放或平放，并用木架将树冠架稳。土球直径小于20cm的，可装2~3层，并应装紧，防车开时晃动；土球直径大于20cm者，只许放一层。运苗时，土球上不许站人和压放重物。

③ 苗木运输。苗木运输途中，押运人员应经常注意苫布是否被风吹开。短途运苗，中途最好不停留；长途运苗，裸露根系易吹干，应注意洒水。休息时车应停在阴凉处。

④ 苗木卸车。苗木运到应及时卸车，要求轻拿轻放，对裸根苗不应抽取，更不许整车推下。经长途运输的裸根苗木，根系较干者，应浸水1~2d。带土球小苗应抱球轻放，不应提拉树干。较大土球苗，可用长而厚的木板斜搭于车箱，将土球移到板上，顺势慢滑卸下，不能滚卸以免散球。

（2）假植

苗木运到栽植现场后，不能及时栽种或未栽完的应及时假植。

① 短时间假植。苗木运到现场后，未能及时栽种或未栽完的，应视离栽种时间长短分别采取"假植"措施。对裸根苗，临时放置可用苫布或草袋盖好。干旱多风地区应在栽植地附近挖浅沟，

将苗呈稍斜放置，挖土埋根，依次一排排假植好。

② 长时间假植。如需较长时间假植，应选地势较高但不影响施工的附近地点挖一宽1.5~2m、深30~50cm，长度视需要而定的假植沟。按树种或品种分别集中假植，并作好标记。树梢须顺应当地风向，斜放一排苗木于沟中，然后覆细土于根部，依次一层层假植好。在此期间，土壤过干应适量浇水，但也不可过湿以免影响日后的操作。

带土球苗1~2d内能栽完的不必假植；1~2d内栽不完的，应集中放好，四周培土，树冠用绳拢好。如囤放时间较长，土球间隙中也应加细土培好。假植期间对常绿树应叶面喷水。

5. 栽植修剪

园林树木栽植修剪的目的，主要是为了提高其成活率和培养树形，同时减少自然伤害，因此应对树冠在不影响树形美观的前提下进行适当修剪。

① 树冠的修剪。对于生长势较强、容易抽出新枝的树种，如杨、柳、槐等，可进行强修剪，树冠可减少至1/2以上，这样既可减轻根系负担、维持树体的水分平衡，也可减弱树冠招风，增强苗木定植后的稳定性。具有明显主干的高大落叶乔木，应保持原有树形，适当疏枝，对保留的主侧枝应在健壮芽上短截，可剪去枝条的1/5~1/3。无明显主干、枝条茂密的落叶乔木，干茎10cm以上的可疏枝保持原树形；干茎5~10cm的可选留主干上几个侧枝，保持适宜树形进行短截。枝叶集生树干顶部的苗木，可不修剪。常绿针叶树，不宜多修剪，只剪除病虫枝、枯死枝、过密的轮生枝和下垂枝。

花灌木及藤蔓树种的修剪，应按如下要求进行：带土球或湿润地区带宿根的裸根苗木及上年花芽分化已完成的开花灌木，不宜修剪，当有枯枝、病虫枝时应剪除；枝条茂密的大灌木，可适当修枝；对嫁接灌木，应将接口以下砧木上萌发的枝条疏除；分枝明显，新枝着生花芽的小灌木，应顺其树势适当强剪，促生新枝，更新老枝；用作绿篱的灌木，可在种植后按设计要求整形修剪；在苗圃内已培育成型的绿篱，种植后应加以整修；攀缘类和藤蔓类苗木，可剪除过长部分；攀援上架苗木，可剪除交错枝、横向生长枝。

② 根系的修剪。苗木栽植之前，还应对其根系进行适当修剪，主要是将断根、劈裂根、病虫根和卷曲的过长根剪去，以便栽种操作和加速根系功能的恢复。

6. 种植

种植树木，以阴而无风天最佳；晴天宜11点前或15点以后进行为好。先检查树穴，土有塌落的坑穴应适当清理。

（1）配苗或散苗

对行道树和绿篱苗，栽前应再进一步按大小进行分级，以使所配相邻近的苗木保持栽后大小趋近一致。尤其是行道树，相邻同种苗的高度要求相差不过50cm，干径差小于1cm。按穴边木桩写明的树种配苗，做到"对号入座"。应边散边栽。对常绿树应把树形最好的一面朝向主要观赏面。树皮薄、干外露的孤植树，最好保持原来的阴阳面，以免引起日灼。配苗后还应及时按图核对，检查调正。

（2）栽种

① 裸根苗的栽种。一般两人为一组，先填些表土于穴底，堆成小丘状，放苗入穴，比试根幅与穴的大小和深浅是否合适，并进行适当修理。行列式栽植，应每隔10~20株先栽好对齐用的"标杆树"。如有弯干之苗，应弯向行内，并与"标杆树"对齐，左右相差不超过树干的一半，这样才

能整齐美观。具体栽植时，一人扶正苗木，一人先填入拍碎的湿润表层土，约达穴的1/2时，轻提苗，使根呈自然向下舒展。然后踩实（黏土不可重踩），继续填满穴后，再踩实一次，最后盖上一层土与地相平，使填之土与原根颈痕相平或略高3～5cm；灌木应与原根颈痕相平。然后用剩下的底土在穴外缘筑灌水堰。对密度较大的丛植地，可按片筑堰。

② 带土球苗的栽种。先量好已挖坑穴的深度与土球高度是否一致，对坑穴作适当填挖调正后，再放苗入穴。在土球四周下部垫入少量的土，使苗木直立稳定，然后剪开包装材料，将不易腐烂的材料一律取出。为防栽后灌水土塌树斜，填入表土至一半时，应用木棍将土球四周砸实，再填至满穴并砸实（注意不要弄碎土球），做好灌水堰，最后把捆拢树冠的草绳等解开取下。

（3）立支柱

对大规格苗（如行道树苗）为防灌水后土塌树歪，尤其在多风地区，会因摇动树根影响成活，故应立支柱。常用通直的木棍、竹竿作支柱，长度视苗高而异，以能支撑树的1/3～1/2处即可。一般用长1.7～2m，粗5～6cm的支柱。支柱应于种植时埋入。也可栽后打入（入土20～30cm），但应注意不要打在根上和损坏土球。立支柱的方式大致有单支式、双支式、三支式3种。支法有立支和斜支，也有用细铅丝缚于树干（外垫裹竹片防缢伤树皮），拉向三面钉桩的支法。

单柱斜支，应支于下风方向。斜支占地面积大，多用于人流稀少处。行道树多用立支法。支柱与树相捆缚处，既要捆紧又要防止日后摇动擦伤干皮。捆缚时树干与支柱间应用草绳隔开或用草绳卷干后再捆。用较小的苗木作行道树时应围以笼栅等予以保护。

7. 栽后管理

树木栽后管理，包括灌水、封堰及其他。栽后应立即灌水。无雨天不要超过一昼夜就应浇上头遍水；干旱或多风地区应加紧连夜浇水。水一定要浇透，使土壤吸足水分，并有助根系与土壤密接，方保成活。北方干旱地区，在少雨季节植树，应间隔数日（3～5d）连浇3遍水才行。浇水时应防止冲垮水堰，每次浇水渗入后，应将歪斜树苗扶直，并对塌陷处填实土壤。为保墒，最好覆一层细干土（或待表土稍干后行中耕）。第3遍水渗入后，可将水堰铲去，将土堆于干基，稍高出原地面。北方干旱多风地区，秋植树木干基还应堆成30cm高的土堆，才有利防风、保墒和保护根系。

在土壤干燥，灌水困难的地区，为节省水分，可用"水植法"。即在树木入穴填土达一半时，先灌足水，然后填满土，并进行覆盖保墒。树木封堰后应清理现场，做到整洁美观。设专人巡查，防止人畜破坏。对受伤或原修剪不理想的枝条进行复剪。

四、非适宜季节的移栽技术

由于有特殊需要的临时任务或其他工程的影响，不能在适宜季节移栽树木。这就需要采用突破植树季节的方法。其技术可按有无预先计划分成两类。

1. 有预先移栽计划的方法

预先可知由于其他工程影响不能及时种植，仍可于适合季节起掘好苗，并运到施工现场假植养护，等待其他工程完成后立即种植和养护。

（1）落叶树的移植

由于种植时间是在非适合的生长季，为提高成活率，应预先于早春未萌芽时带土球掘（挖）好苗木，并适当重剪树冠。所带土球的大小规格可仍按一般规定或稍大，但包装要比一般的加厚、加密些。如果只能提供苗圃已在去年秋季掘起假植的裸根苗，应在此时另造土球（称做"假坨"），即在地上挖一个与根系大小相应的，上大下略小的圆形底穴，将蒲包等包装材料铺于穴内，将苗根放入，使根系舒展，干立于正中。分层填入细润之土并夯实（注意不要砸伤根系），直至与地面相平，将包裹材料收拢于树干捆好，然后挖出假坨，再用草绳打包。为防暖天假植引起草包腐朽，还应装筐保护，选比土球稍大、略高20~30cm的筹筐（常用竹丝、紫穗槐条和荆条所编），苗木规格较大的应改用木箱（或桶），先填些土于筐底，放土球于正中，四周分层填土并夯实，直至离筐沿还有10cm高时为止，并在筐边沿加土拍实作灌水堰。同时在距施工现场较近，交通方便、有水源、地势较高、雨季不积水之地，按每双行为一组，每组间隔6~8m作卡车道（每行内以当年生新梢互不相碰为株距），挖深为筐高1/3的假植穴。将装筐苗运来，按树种与品种、大小规格分类放入假植穴中。筐外培土至筐高1/2，并拍实，间隔数日连浇3次水，然后进入假植期间，适当实施施肥、浇水、防治病虫、雨季排水、适当疏枝、控徒长枝、去蘖等措施。

待施工现场能够种植时，提前将筐外所培之土扒开，停止浇水，风干土筐；发现已腐朽的应用草绳捆缚加固。吊栽时，吊绳与筐间应垫块木板，以免勒散土坨。入穴后，尽量取出包装物，填土夯实。经多次灌水或结合遮阴保其成活后，酌情进行追肥等养护。

（2）常绿树的移植

先于适宜季节将树苗带土球掘起包装好，提前运到施工地，装入较大的筹筐中进行假植；土球直径超过1m的应改用木桶或木箱。按前述每双行间留车道和适合的株距放好，筐、箱外培土，进行养护待植。

2. 临时特需的移植技术

无预先计划，因临时特殊需要，在不适合季节移植树木，可按照不同类别树种采取不同措施。

（1）常绿树的移植

应选择春梢已停，二次梢未发的树种；起苗应带较大土球。对树冠行疏剪或摘掉部分叶片。做到随掘、随运、随栽；及时多次灌水，叶面经常喷水，晴热天气应结合遮阴。易日灼的地区，树干裸露者应用草绳进行卷干，入冬注意防寒。

（2）落叶树的移栽

最好也选春梢已停长的树种，疏剪尚在生长的徒长枝以及花、果。对萌芽力强，生长快的乔、灌木可以行重剪，最好带土球移植。如果裸根移植，应尽量保留中心部位的心土。尽量缩短起（掘）、运、栽的时间，保湿护根。栽后要尽快促发新根，可灌溉配以一定浓度的（0.001%）生长素。晴热天气，树冠枝叶应遮阴加喷水。易日灼地区应用草绳卷干。适当追肥，剥除蘖枝芽，应注意伤口防腐。剪后晚发的枝条越冬性能差，当年冬应注意防寒。

第三节　大树移植技术

一、大树移植在园林绿化中的意义

大树在城市绿化中起着重要的作用，是现代化城市园林绿化建设的关键因子，直接关系到城市园林绿化的景观效果，大树移植已成为城市绿化建设中的一种重要技术手段。移植大树不仅具有提高绿化质量、体现园林艺术和保存绿化成果的特有作用，而且在城市园林绿化中具有特殊作用。随着城市绿化建设进程的加快，大树移植技术被广泛应用到公园绿地、公共绿地、居住区绿地、道路绿化和城市风景林等各类绿地、林地的建设中。因此，大树移植技术是园林技术人员必须掌握的一项操作技术。

大树移植，即移植大型树木的工程。大树是指胸径在10～40cm，树高在5～12m，树龄一般在10～50年或更长的树木。经过半个多世纪的研究和实践，移植技术不断改进，积累的成功经验日渐丰富，致使移植大树的规格越来越大，比如胸径在100cm左右，树龄达100年以上的树木。大树移植的成功与否与树种、移植前的准备工作、栽植地的条件、移植方法和养护管理等多种因素密切相关，每一个环节都不容忽视。

二、大树移植前的准备

随着城市建设快速发展和园林绿化水平的不断提高，大树移植技术越来越普遍地应用于改善城市生态环境与绿地景观、提高城市绿化质量等方面，但由于大树树龄长、主根发达、原生长地与移植地立地条件的差异、在采挖过程中根系受伤、树体失水、养护管理水平不到位等原因，致使大树移植成活率受到限制，因此，在大树移植前要做好充分的准备。

1. 制订计划与移植方案

进行大树移植事先必须做好计划，包括所栽植树种的规格、数量及造景要求等。为使移植树木所带土球中具有尽可能多的吸收根群，尤其要保证一定数量的须根，应提前有计划地对移栽树木进行断根处理。实践证明，许多大树移植失败的主要原因，是由于没有对准备移植的大树采取促根措施。

除了制订详细的计划外，施工单位还应在移植前制订完善的移植技术方案，其内容主要包括以下几个方面。

① 调查栽植地的地形、交通、土壤、地下水位和地下管线等情况。

② 调查移植大树的具体情况，如规格、气候、土壤等。

③ 具体的移植程序，包括施工进度、断根缩坨时间、栽植时间、移植方法、运输和装卸、定植和养护等。

④ 保护措施，包括根系保护、运输保护、后期养护管理等。

⑤ 组织管理工作，包括劳力、机械工具、各工序协调、应急抢救、安全措施等。

2. 选树

为保证移植工作按期进行，选树工作应在施工前的2～3年进行，最短也应在一年前做好准备。对可供移植的大树实地调查，包括树种、年龄、树高、干高、胸径、冠幅、树形、树势等进行测量记录，注明最佳观赏面的方位，并摄影、标记。调查记录树木产地与土壤条件，交通路线有无障碍物以及所有权等情况，判断是否适合挖掘、包装、吊运，分析存在的问题，提出解决措施，办好准运证和检疫证等。对选中的树木应标记出树冠原来的南北方向，以便栽植时保持原方位不变。另外，树木的品种、规格（树高、胸径、冠幅、树形和主要观赏面等）要分别进行登记编号以便进行移植分类和确定工序。选择移植的大树一般符合以下要求。

① 适地适树，应尽量选择成本低、适应性强、特色突出的乡土树种。

② 选用生长势强、无病虫害和机械损伤的青壮龄大树。

③ 选择树姿优美、观赏价值高、符合设计要求的大树。

3. 断根缩坨

断根缩坨也称回根、盘根或切根。定植多年的或野生的大树，特别是胸径在30cm以上的大树，应先进行断根缩坨处理，利用根系的再生能力，促使主要的吸收根系回缩到主干根基附近，并促进其生成大量的侧根和须根，从而提高大树移植的成活率（如图6-1）。

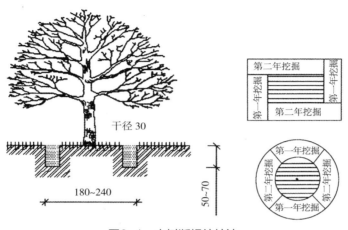

图6-1 大树断根缩坨法

在大树移植前1～3年的春季和秋季，以树干为中心，以4～6倍胸径尺寸为半径画圆或正方形（软材包扎为圆形，硬材包扎为正方形），将圆形分成六等份或正方形分成东、西、南、北四等份。第一年的春季或秋季先在相对的两面向外挖两条沟，沟宽30～40cm，深50～80cm（具体视根的深浅而定）；挖掘时若遇到较粗的根，不可用斧子劈砍，应用锋利的修枝剪或手锯切断，使切口光滑，并使之与沟的内壁齐平，断根断面应用硫磺粉和ABT生根剂按2：1的比例调成浆糊状进行伤口处理。若遇直径5cm以上的粗根，为防大树倒伏一般不切断，而于土球外壁处行环状剥皮（宽约10cm）后保留，并在切口涂抹0.001%的生长素（萘乙酸等），以促发新根。沟挖好后用拌和着基肥的培养土填入并夯实，定期浇水。必要时在断根前设置支撑保护，防止树倒。第二年的春季或秋季在另外相对的两面用同样的方法进行挖掘。第三年断根处长满了须根即可移植，移植时应尽量保护须根。

4. 修剪

为减少水分蒸发，保持树势平衡，移植前需进行树冠修剪，修剪方法和强度应根据树种、树冠生长情况、移植季节和绿化功能等因素确定。萌芽力强的、树龄大的、叶片稠密的应多剪；常绿树、萌芽力弱的宜轻剪。从修剪程度看，可分全株式、截枝式和截干式三种。全株式原则上保持树木原有树形，只将徒长枝、交叉枝、病虫枝及过密枝剪去，栽后树冠恢复快、绿化效果好。此法适用于萌芽力弱的树种，如雪松、广玉兰等。截枝式只保留树冠的一级分枝，将其上部截去，要求剪口平滑整齐，不撕裂树皮。此法适用于萌芽力强的树种，如香樟、女贞等。截干式修剪将树木整个树冠截去，只留一定高度的高干，由于截口较大易引起腐烂，应将截口用蜡或沥青封口，也可用塑料薄膜包裹。此法适用于生长迅速、萌芽力很强的树种，如悬铃木、国槐、白蜡等。

5. 挖树准备

挖掘前2～3天于树根处灌水，一方面能使大树的根系和树干贮足水分弥补移栽过程中的吸水不足，另一方面土壤灌水后易挖掘及保护土球在运输过程中不易开裂。此外，在挖掘前1天用草绳包扎树干，可起保湿和防止机械损伤的作用。对于常绿树树冠应用绳子收拢，收冠时在大枝和收冠绳索的接触部位垫上柔韧物，以免损伤树体。为防止在挖掘时树体倒伏，在挖掘前还应对大树进行支撑保护。

6. 种植穴挖掘

大树挖掘前，确定好种植穴的位置后应根据规格挖好种植穴，种植穴的大小、形状、深浅应根据移植树木的规格、土球大小、形状等情况而定，且必须预留出穴内操作的必要空间。此外，应准备足够的回填土和适量的有机肥。

三、大树移植的操作技术

1. 大树移植的操作技术

大树移植的操作技术应根据树木品种特性、树体的大小、生长情况、立地土质条件、移植地的环境条件、移植季节等因素确定。移植方法有裸根移植法、带土球移植法、移树机移植法、冻土移植法等。其中带土球移植根据包装材料不同，又分为软材包装移植法和木箱包装移植法。无论采用哪种移植方法，都有三个关键的步骤：挖掘、吊运、栽植。目前国内普遍采用人工挖掘软材包装移植法。

2. 软材包装移植法

（1）大树挖掘

挖掘时应先准备蒲包、麻绳、草绳等包扎材料，并用水将其浸湿，以增强强度和韧性。大树挖掘应以树干胸径的8～10倍来确定土球直径。开挖时，铲除树干周围的浮土，以树干为圆心，比规定的土球大6～10cm划一圆圈，向外垂直挖掘宽约60～80cm的沟（以便于操作），沟的深度与土球高相等。遇到较粗的树根时，用手锯或利剪将根切断，切忌用铁锹硬砸，以免造成散坨。用铁锹将土球肩部修整圆滑，当土球修整到1/2深度时，逐步向内收缩，直到留底直径为土球直径的1/3为止，然后将土球表面修整平滑，下部修一小平底，收底时遇粗大根系应锯断。深根性树种和沙壤土球应呈"红星苹果形"，浅根性和黏土呈扁球形。将预先湿润过的麻绳或草绳于土球中部缠腰绳，这时最好两人合作，边拉缠，边用木槌敲打绳子，使绳子略嵌入土球而不致松脱，每圈绳子应紧紧相连，不留空隙，总宽达土球高的1/4～1/3（约20cm）并系牢即可。然后在土球底部刨挖一圈底沟，宽度5～6cm，直到土球底部仅剩1/5～1/4的心土，此时遇粗根应掏空土后再锯断（大伤口用硫酸铜消毒或漆封口防腐），小根用修枝剪剪断，剪口应平整，这样有利于绳子绕过底沿不易松脱。

土球修整好后开始打花箍，即先将双股麻绳或草绳一头拴在树干基部，然后将绳子绕过土球底部，顺序拉紧捆牢，绳子的间隔在8～10cm。打花箍的方式主要有橘子式、井字式和五角式三种。

① 橘子式。先将草绳一端系在腰箍或主干上，再拉到土球边，按照图6-2（a）所示的次序，由土球面拉到土球底，如此往复包扎，直到整个土球均被紧密包扎，最后形成如图6-3（b）所示的形状。

② 井字式。先将草绳一端结在腰箍或主干基部，然后按照图6-3（a）所示的次序包扎，先由1拉到2，绕过土球的底部拉到3，再拉到4，而后绕过土球的底部拉到5，依次顺序包扎，最后形成如图6-4（b）所示的形状。

③ 五角式。先将草绳一端系在腰箍或主干上，然后按照图6-4所示的次序包扎，先由1拉到2，

绕过土球的底部经3过土球面拉到4，而后绕过土球的底部经5过土球面拉到6，再绕过土球的底部经7过土球面拉到8，再绕过土球的底部经9过土球面拉到10，最后绕过土球底回到1，最后形成如图所示的形状。

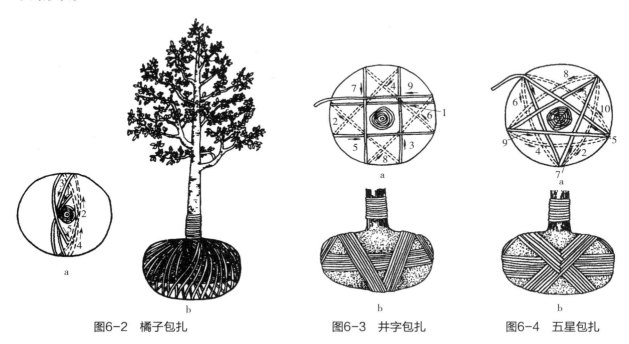

图6-2　橘子包扎　　　　　　　图6-3　井字包扎　　　　　　　图6-4　五星包扎

完成上面的包扎后，截断主根，将树推倒，再用蒲包将底部包严，用草绳捆好。至此，大树挖掘的工作完成了。

（2）大树吊运

大树移植中吊装是关键，起吊不当宜造成土球损坏、树皮损伤、甚至移植失败。因此，大树吊运应严格按以下顺序进行。

① 准备工作。根据土球和大树的重量备好符合要求的起重机、滑车和汽车；此外，还要备好困吊土球的长粗绳，围拢树冠的蒲包、草绳、草袋和装运时用到的垫木等。

② 起吊。先将双股麻绳的一头留出长1m以上打结固定，再将双股绳分开，捆在土球由上至下的3/5位置上，将其捆紧，然后将大绳的两头扣在吊钩上，轻轻起吊后，用粗绳在树干基部拴系一绳套，也扣在吊钩上，即可起吊装车，起吊部位的重心应在土球上。其间在绳与土球接触的地方用垫木垫起，以免麻绳勒入土球致使土球散落，此外，受力的主干部位加厚垫层防止损伤树干。

③ 装载。树木装进汽车时应土球向前，靠近车厢前段，而树冠向着汽车尾部轻轻放在车厢内。用木块将土球垫稳，然后用绳子将土球缚紧在车厢两侧，防止土球晃动。树干包上柔软材料放在"X"木架上进行支撑，树身和车板接触处应用软性衬垫保护和固定，树冠也要用软绳适当缠拢，并随时检查树冠是否收拢紧，避免在装运过程中树冠散开而折断枝条。

④ 运输。一般一辆汽车只装运1株树，若需装多株时要尽量减少互相影响。运输途中，车速不宜过快，否则树木水分蒸发快，容易引起树木叶片和嫩枝脱水。远距离运输时必须采用有篷汽车，还应定时停车给树木洒水，以补充水分。吊运过程中，应有专人负责，并注意安全。

⑤ 卸车。大树运输到施工现场后，应立即卸车，其方法与装车时相同。若卸车后不能立即栽

植，应将大树立直并支稳，不可将其斜放或平倒在地。

（3）大树栽植

大树的栽植技术与一般树木的栽植技术基本相同。在挖好的种植穴底部先施基肥，将腐熟的有机肥与土拌匀，并用土堆成10cm左右高的小土堆。将大树轻轻斜吊放置入种植穴内，并使土球刚好立在土堆上，入穴时应调整方向，将树冠最丰满、最完好的一面朝向主要观赏方向，然后缓缓放下大树，使其直立于坑中央。土球进坑后，先用支柱将树身稳住，拆除土球外包扎的绳包，解开包装材料后应观察树木根系，把受伤的根系剪除，创面一定要修平滑，然后用草木灰涂抹或用0.1%的高锰酸钾溶液喷洒，有利于创面愈合，防止烂根。然后填土并分层夯实，在穴的外缘用细土培筑一道30cm左右高地灌水堰，并用铁锨拍实。树木定植好后应立即灌水，一般进行三次灌水，24h内必须灌第一次水，灌水量不宜过大，起到压实土壤的作用即可；3天后再灌第二次水，第二次水量要充足；7～10天灌第三次水，第三次灌水后可以培土封堰。

（4）大树栽后养护管理

大树移植后，两年内应配备专职技术人员做好一系列养护管理工作，在确认大树成活后，方可进入正常养护管理。大树栽后的养护管理应具体做好以下几方面的工作。

① 支撑固定。大树移植后即应支撑固定，以防地面土层湿软，大树遭风袭导致歪斜、倾倒，同时还有利于根系生长。一般采用三角形支撑固定法，确保大树稳固。三角撑桩宜在树干高2/3处结扎，用坚韧牢固的绳索固定，三角桩中的一根桩干必须设在主风方向的迎风面，其他两根均匀分布。支撑桩的底部要埋入土壤，且在支撑桩脚下填埋大石块以防下陷。支撑桩上方与树干接触处应用松软材料衬垫，以免损伤树皮（如图6-5所示）。

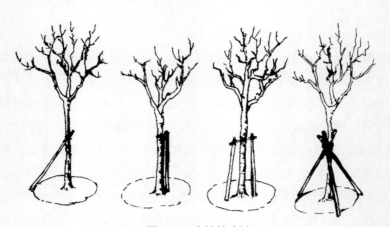

图6-5 支柱的支法

② 伤口包扎和包裹树木。对于树干或大枝的锯截口，栽后要及时再进行相应的处理，如采用化学药剂、塑料薄膜等材料。为了减少树干水分蒸发，大树移植后及时用草绳、麻包等材料严密包裹树干和比较粗壮的分枝，起到一定的保湿和保温作用，且可贮存一定量的水分，使枝干经常保持湿润；以后在至少1个月内，每天早晚喷两次水，可使树干保持一定湿度，又可避免树干灼伤。冬季和早春除用草绳包裹外还可在最外层包裹一层薄膜，以防寒风和低温。初夏温度高时应去掉薄膜，否则会灼伤树皮。

③ 搭棚遮阳。春夏季风大炎热时，为降低树木的蒸发量，应在树冠周围搭设阴棚，阴棚上方

及四周与树冠应保持50cm左右的距离，以保证棚内有一定的空气流动，防止树冠日灼危害。一般遮阴度以60%~70%为宜，以后视树木生长状况和季节变化逐步去掉阴棚。

④ 浇水、施肥。因为移植大树根系的吸水功能明显减弱，对土壤水分需求量也减少，移植后及时浇一次，透水后要注意控制水量，土壤过湿反而影响土壤的透水性，抑制根系的呼吸，甚至会导致烂根死亡。雨季时还应注意排涝，树堰内不得有积水。大树移植初期，根系吸肥能力低，宜采用根外追肥，一般半个月左右1次。宜用尿素、磷酸二氢钾等速效肥料制成浓度为0.5%~1%的肥液，选早晚或阴天进行叶面喷施，遇雨天应重喷1次。根系萌发后，可进行土壤施肥，要求薄肥勤施。

⑤ 新芽新梢保护。在大树移植后，不能对不需要的新芽和新梢进行抹除处理，因为新芽萌发是移栽大树进行生理活动的标志，同时树干枝干萌发的新芽能自然而有效地刺激地下部生根，特别是移栽时进行重修剪的树体，新萌发的芽更要加以保护。因此，在移植初期，特别是移植时进行重修剪的树体所萌发的芽要加以保护，让其抽枝发叶，待树体成活后再行修剪整形。同时，在树体萌芽后，要特别加强喷水、遮阴、防病防虫等养护工作，保证新芽新梢的正常生长。

⑥ 抗逆境措施。坚持"预防为主，综合治理"原则，勤观察、勤检查，一旦发生病虫害，要对症下药，及时防治。新移植大树易受低温危害，应做好防冻保温工作，常采用草绳裹干等方法抗寒。常绿乔木的越冬防寒，应在大树一定距离处架设风障，风障高度需超过树高30cm以上。此外，在入秋后要控制氮肥，增施磷、钾肥，并在入冬寒潮来临前，可采取覆土、涂白、地面覆盖，搭制塑料大棚等方法加以保护。

⑦ 防止人畜破坏。在人流集中或易受人为、禽畜破坏的区域做好警示标示，并设置竹篱等加以保护。

3. 其他移植法

在实际的大树移植操作技术中，用到的还有木箱包装移植法、裸根移植法和冻土球移植法等。

木箱包装移植法适用于15~25cm或更大的树木。另外，生长较弱、移植难度较大、生长在沙性土壤上不易带土球的大树，也需要用硬材包装法移植。其过程包括掘苗、装箱和栽植。

裸根移植法仅限于成活容易、胸径10~20cm、生根能力又较强的落叶树种，如柳树、悬铃木、杨树、合欢和元宝枫等。以落叶乔木大量落叶后至春季发芽前的休眠期为裸根移植的适宜季节。在移植前需重剪，要求随起、随运、随栽。其过程包括挖穴、起树和栽植。

冻土球移植法即土壤冻结时期挖掘土球，土球挖好后不必包装，可利用冻结河道或泼水冻结地面用人、畜拉运。优点是可以利用冬闲，节省包装盒减轻运输。在中国北方寒冷地区采用较多，适用于当地耐严寒的乡土树种。其过程包括挖掘、吊运和栽植。

第四节　特殊立地环境的树木栽植技术

在城市绿地建设中经常需要在一些特殊的立地条件下栽植树木。特殊的立地条件，是指具有大面积铺装表面的立地、屋顶、盐碱地、干旱地、无土岩石地、环境污染地及容器栽植等立地条件。在特殊的立地环境条件下，树木生长的主要环境条件，如水分、养分、土壤、温度、光照等，常表现为其中一个或多个环境条件处于极端状态下，如无土岩石立地条件下基本无土或土壤极少，干旱立地条件下水分极端缺少，所以必须采取一些特殊的措施才能达到成功栽植树木的效果。

一、铺装地面及容器栽植

1. 铺装地面栽植

在具铺装地面的立地环境中植树，如人行道、广场、停车场等具硬质地面铺装的立地，在树木栽植和养护时常发生有关排水、灌水、通气、施肥等方面的矛盾，需作特殊的处理。

（1）铺装地面栽植的特点

① 树盘土壤面积小。在有铺装的地面进行树木栽植，大多情况下种植穴的表面积都比较小，土壤与外界的交流受制约较大。

② 生长环境条件恶劣。栽植存铺装地面上的树木，土壤水分、营养物质与外界的交换受阻，并受到强烈的地面热量辐射和水分蒸发的影响，其生境比一般立地条件下要恶劣得多。

③ 树木易受伤害。铺装地面大多为人群活动密集的区域，树木生长容易受到人为的干扰和难以避免的损伤，如刻伤树皮、钉挂杂物，在树干基部堆放有害、有碍物质等。

（2）铺装地面树木栽植技术

① 树种选择。由于铺装立地的特殊环境，选择的树种应具有耐旱、耐贫瘠、根系发达的特性；同时树体要具有耐高温与阳光暴晒的特性。

② 土壤处理。适当更换栽植穴的土壤，能明显改善土壤的通透性和土壤肥力。

③ 树盘处理。应保证栽植在铺装地面的树木有一定的根系土壤体积。铺装地面切忌一直伸展到树干基部，否则随着树木的加粗生长，不但地面铺装材料会嵌入树干体内，树木根系的生长也会抬升地面，造成地面破裂不平。树盘地面可栽植花草，覆盖树皮、木片、碎石等，一方面可提升景观效果，另一方面还起到保墒、减少扬尘的作用。

2. 容器栽植

容器栽植足将园林植物栽培在合适的容器中，目前园林树木容器栽植已渐成气候。

（1）容器栽植的特点

① 可移动性及临时性。在自然环境不适合树木栽植、空间狭小无法栽植或临时性栽植需要等情况下，可采用容器栽植进行环境绿化布置。如一些城市商业街原本没有树木栽植改造成步行街后，为了构筑树木的绿色景观并为行人提供阴凉，在道路全部为铺装的条件下，采用摆放各式容器栽植树木的方法，进行生态环境补缺。

② 树种选择多样性。由于容器栽植可采用保护地设施培育，受气候或地理环境的限制较小，树木种类选择可以更广泛。

③ 栽培容器的空间有限。栽培容器要求所用基质必须养分充足、富含有机质，因而一般的农田土壤或山地土壤不能直接用作栽培基质。

④ 容器的通气性较差。容器中苗木根系呼吸易受到影响，因此容器栽培的植物对栽培基质的物理性状如水、肥、气、热的要求比地栽植物更高。

⑤ 栽培管理水平要求较高。容器栽培的植物，水分蒸发最大，必须经常浇水，但频繁的浇水会造成土壤结构的破坏，养分流失，因此必须经常施肥。

（2）栽培容器的种类

目前，用于园林植物栽植用的容器种类很多，其主要类别如下。

① 素烧盆。又称瓦盆，以黏土烧制。通常为圆形，底部有排水孔，大小规格不一，常用的口

径与盆高约相等。最小口径为7cm，最大不超过50cm。虽质地粗糙，但排水良好，空气流通，适合园林植物生长，而且价格低廉，用途广泛。

② 陶盆。陶盆用陶土烧制。外形除圆形外，还有方形、菱形、六角形等。盆面常刻有图画，因此外形美观，适合室内装饰之用。与素烧盆相比，水分和空气流通不良，一般质地越硬，通气排水性越差。

③ 瓷盆。瓷盆为上釉盆，常有彩色绘画，外形美观，适合家庭装饰之用。其主要缺陷是，花盆上釉后，空气、水分流通不良，不利于植物生长，故一般不作盆栽用，常作为花盆的套盆使用。

④ 木盆或木桶。木盆或木桶多用作木本园林植物的栽培。制作木盆的材料应选材质坚硬而不易腐烂的木材，如红松、栗、杉木、柏木等，外部刷上油漆，内部涂环烷酸铜防腐。木盆以圆形较多，也有方形，盆的两侧应有把手，以便搬动。木盆的形状应上口大下底小，盆底应有垫脚，以防盆底直接接触地面而腐烂。

⑤ 盆景用盆。盆景用盆深浅不一，形式多样，常为瓷盆或陶盆。山水盆景用盆常用大理石制成的特制浅盆。

⑥ 塑料盆。塑料容器质轻而坚固耐用，可制成各种形状，色彩也极其多样。夏天受太阳光直射时壁面温度高，不利树小根系的生长。

（3）栽培容器的选择

栽培容器的选择，要科学合理，既要使植物在容器中能正常生长，又要满足经济、观赏等多方面的需要。栽培容器的选择主要考虑以下方面的要求。

① 容器的规格。容器的规格要合适，一般情况下，在确定容器规格时，要考虑植物的形态、特性及栽培时间的长短。比较高大的植物、根系发达的植物或栽培时间较长的植物，容器的规格应该大一些；反之应小一些。主根发达、侧根较少的植物，所选择的容器应该口径适当小一些，盆的深度应大一些；反之应选择适当浅而口径大一些的容器。

② 容器的颜色。容器的颜色对植物的生长也有一定的影响。在炎热的夏季，暴露于直射光下，黑色容器中基质的温度可能会超过48℃，而浅色容器可以降低生长基质的温度。

③ 容器的排水状况。排水不良易导致容器植物的根系生长衰弱、死亡，进而影响植物对水分和养料的吸收。

④ 成本。不同的容器材质，成本相差较大。塑料盆、聚乙烯袋、素烧盆等容器价格相对比较低廉，而陶瓷盆则价格比较昂贵。故在选择容器时，应根据经济实力选用经济实用的栽培容器。

⑤ 观赏效果。容器选择还应注意观赏和陈设的不同需要。丰富的材质、优美的造型和组合方式、缤纷的色彩，使栽培容器的装饰性显著增强。模仿石头、蘑菇、木炭的颜色，可以体现自然的风味；金属质地，如看上去很陈旧的青铜容器，散发出古色古香的韵味；陈旧的陶瓦柱形种植钵、乡土气息浓郁的地中海土罐，体现出一种怀旧的主题。

（4）容器栽培技术

① 栽植前的准备。在栽植前应配制好树木生长发育所需的培养土。根据所栽植物的大小、习性、发育阶段和现有的生产条件选择合适的容器，要避免大容器栽小苗或小容器栽大苗。

② 上盆。选择适当规格的花盆进行上盆。植物栽植完毕后应立即浇水，水要灌足，一般连续

浇两次，水从排水孔中流出时停止浇水。

③ 排盆。植物上盆后，要根据各种具体情况摆放容器。有条件时应设立遮阳和冬季保护设施。喜光植物应摆放在阳光充足处，摆放密度应小一些；中性、阴性植物应分别排放在半阴、荫蔽处，并可适当加大密度。容器的排放要整齐、美观，密度要合理，中间留出步道，便于管理。

④ 栽植后的管理。a浇水：室外摆放的容器栽植树木易失水干旱，根据树体的生长需要适期给水，是容器栽植养护技术的关键；浇水次数、浇水时间和浇水量应根据植物种类、不同生育阶段、培养土性状等条件灵活掌握。夏天浇水以清晨和傍晚为宜，冬季以上午10时以后为宜。b施肥：容器栽植中的基质及所含的养分均极有限，根本无法满足树体生长的需要，施肥是容器栽植的重要措施；施肥可根据植株的生长发育时期，分别采用施基肥和追肥等方法补充养分。c防倒伏：容器栽植树木的困难，除了水分、养分供应外，还由于树木地上部分的庞大树冠影响其稳定性，风倒的可能性增加；在风大或多风的季节，将容器固定于地面，是增加其稳定性的最稳妥措施。d修剪：容器栽植的树木，根系生长发育有限，合理修剪可控制竞争枝、直立枝、徒长枝生长，从而控制树形和体量，保持一定的根冠比例，均衡生长。合理修剪还可控制新梢的生长方向和长势，均衡树势。

二、干旱地与盐碱地树木栽植

1. 干旱地树木栽植

（1）干旱地的特点

① 土壤次生盐渍化。当土壤水分蒸发量大于降水量时，不断丧失的水分使得表层土壤干燥，地下水通过毛细管的上升运动到达土表，在不断补充因蒸发而损失的水分的同时，盐碱伴随着毛管水上升，并在地表积聚，盐分含量在地表或土层某一特定部位的增高，导致土壤次生盐渍化发生。

② 土壤生物减少。干旱导致土壤生物种类数量的减少，生物酶的分泌也随之减少，土壤有机质的分解受阻，影响树体养分的吸收。

③ 土壤温度升高。干旱造成土壤热容量减少，温差变幅加大。土壤的热交换减少，土壤温度升高，这些都不利于树木根系的生长。

（2）干旱地的树木栽植技术

① 适时栽植。干旱地的树木栽植应以春季为主，一般在3月中旬至4月下旬，此期土壤比较湿润，土壤的水分蒸发和树体的蒸腾作用也比较低，树木根系再生能力旺盛，愈合发根快，种植后有利于树木的成活生长。但在春旱严重的地区，宜在雨季栽植为宜。

② 随起随栽。尽量缩短苗木的挖运、种植时间，减少水分散失。

③ 泥浆堆土。将表土回填树穴后，浇水搅拌成泥浆，再挖坑种植，并使根系舒展；然后用泥浆培稳树木。因泥浆能增强水和土的亲和力，减少重力水的损失，可较长时间保持根系的土壤水分。堆土还减少树穴土壤水分的蒸发，减小树干在空气中的暴露面积，降低树干的水分蒸腾。

④ 适度重剪。剪去树体细弱枝、病虫枝、内向枝、丛生枝、枯死枝等，减少树体的水分损耗。

⑤ 开集水沟。旱地栽植树木，可在地面挖集水沟蓄积雨水，有助于缓解旱情。

⑥ 及时浇水。栽植完树木后，需要连续间隔灌水3～5次，保持根系的湿度。无论哪个季节，植树后的第一个生长周期内，必须常浇勤灌，浇水后及时覆土，防止土壤龟裂。

2．盐碱地树木栽植

（1）盐碱地特点

盐碱土是地球上分布广泛的一种土壤类型，约占陆地总面积的25%。盐碱土在我国从滨海到内陆，从盆地到高原都有分布，主要分布于西北、华北和沿海地区。沿海城市中的盐碱土主要是滨海盐土，成土母质为沙黏不定的滨海沉积物，盐分组成与海水一致，以氯化物占绝对优势。其盐分来源主要有以下几个方面。

① 地下水。地下水对土壤盐渍化发生和发展的影响，主要通过地下水位和地下水质而实现的，当地下水位超过临界水位时，极易通过毛细管上升造成地表积盐，尤其在多风的旱季。另外，部分地区由于超采地下水造成地面沉降和海岸地下水层中淡水水位下降，也是造成土壤次生盐渍化的原因之一。

② 大气水分沉降。滨海地区受海风的影响，大量小粒径含盐水珠由海面上空向大陆飘移，成为滨海盐渍土地表盐分的来源之一。盐分沉降速率与风速、离海距离、海拔高度及微地形有关。

③ 人类活动。人类在生产或生活中排放的含氯废水或废气，通过水流或降雨进入土壤，也会导致盐渍化的发生。如农业生产中施用的含氯化肥，北方城市在冬季使用融雪盐，也会造成土壤含氯量增加。而一些滨海城市常用滩涂淤泥来改造地形，也会造成局部土壤含盐量的升高。

④ 海水倒灌。潮汐后在海水浸淹过的地方留下的大量盐分，是滨海低洼处土壤次生盐渍化的主要原因之一。此外，在缺乏挡潮闸的内河入海口，也存在因海水涨潮入侵，促使土壤盐渍化发生的现象。

（2）盐碱地对树木的影响

盐碱土中对植物生长有害的化合物主要是钾、钠、钙、镁的氯化物，如硫酸盐、重碳酸盐等，另外青藏高原有硼酸盐，吐鲁番盆地有硝酸盐类。其对树木主要影响如下。

① 引发生理干旱。由于盐碱土中积盐过多，土壤溶液的渗透压远高于正常树木，根系吸收养分、水分非常困难，甚至会出现水分从根细胞外渗的情况，破坏了树体内正常的水分代谢，造成生理干旱，引起树体萎蔫、生长停止甚至全株死亡。

② 滞缓营养吸收。过多的盐分使土壤物理性状恶化、肥力减低，树体需要的营养元素摄入减慢，利用转化率也减弱。

③ 影响气孔开闭。在高浓度盐分作用下，叶片气孔保卫细胞内的淀粉形成受阻，气孔不能关闭，树木容易因水分过度蒸腾而干枯死亡。

（3）盐碱地树木栽植技术

① 防盐碱隔离层的利用。对盐碱度高的土壤，可采用防盐碱隔离层来阻止地表土壤返盐，具体方法为：在地表挖1.2m左右的坑，将坑的四周用塑料薄膜封闭，底部铺20cm以上石碴或炉碴，在石碴上铺10cm锯末或树皮或麦糠5cm，形成隔离盐碱、适合树木生长的小环境。使用隔盐层时要注意用土层把根系与隔盐层分开，以防烧坏根系。

② 施用土壤改良剂。施用土壤改良剂可达到直接在盐碱土栽植树木的目的，如施用石膏可中和土壤中的碱，适用于小面积盐碱地改良，施用量为3~4t/ha，也可施用硫黄粉。

③ 埋设渗水管。铺设渗水管可控制高矿质化的地下水位上升，防止土壤急剧返盐。如采用渣石、水泥制成内径20cm、长100cm的渗水管，埋设在距树体30~100cm处，设有一定坡降并高于排

水沟；距树体5～10m处建一收水井，集中收水外排。

④ 暗管排水。暗管排水的深度和间距可以不受土地利用率的制约，有效排水深度稳定，适用于重盐碱地区。单层暗管埋深2m，间距50cm；双层暗管第一层埋深0.6m，第二层埋深1.5m，上下两层在空间上形成交错布置，在上层与下层交会处垂直插入管道，使上层的积水由下层排出，下层管排水流入集水管。

⑤ 适当浅栽。浅栽可以有效地控制水渍烂根，又能保证根系有良好的透气性，在实际绿化过程中，除杨树和柳树外，其他树种均以浅栽为好，栽植深度控制在比苗木原土深1～2cm为宜。

⑥ 施用盐碱改良肥。盐碱改良肥是一种有机一无机型复合改碱肥料，由10余种原料组成，其中含有腐殖酸钠离子吸附剂、土壤酸化剂和土壤调理剂等，pH5.0。利用酸碱中和、盐类转化、置换吸附原理，既能降低土壤pH及含盐量，又能改良土壤结构，提高土壤肥力，可有效用于各类盐碱土改良。

⑦ 种植绿肥。在重盐碱地上，不能直接栽植树木时，一般采取先种植耐盐碱绿肥，以改良盐碱地。经过2～3年后就能进行树木栽植。

⑧ 选择耐盐树种及当地树种。常见的树种有黑松、胡杨、沙枣、合欢、苦楝、紫穗槐、北美圆柏、国槐、柽柳、垂柳、刺槐、侧柏、月季、木槿、小叶女贞、枸杞、石榴等。

三、无土岩石地及屋顶花园树木栽植

1. 无土岩石地的树木栽植

（1）无土岩石地的特点

在山地上建宅、筑路、采矿、架桥后对原立地改造形成的人工坡面，采矿后破坏表层土壤而裸露出的未风化岩石，因各种自然或人为因素导致滑坡而形成的无土岩地，这类土地主要特点为：难能固定树木的根系，缺少树小正常生长需要的水分和养分，树木生存环境恶劣。

（2）无土岩石地树木栽植技术

① 客土改良。客土改良是在无土岩石地栽植树木的最基本做法。岩石缝隙多的，可在缝隙中填入客土；整体坚硬的岩石，可局部打碎后再填入客土。

② 选择矮生、硬叶、深根的植物栽植。此类植物能在无土岩石地缺土少水中生长，在形念与生理上都发生了一系列与此环境相适应的变化。如矮牛植物树体生长缓慢，植物矮小，呈团丛状或垫状，生命周期长，耐贫瘠、抗性强，典型的树种有黄山松、杜鹃、紫穗槐、胡颓子等。

③ 斯特比拉纸浆喷布。斯特比拉是一种专用纸浆，将种子、泥土、肥料、黏合剂、水放在纸浆内搅拌，通过高压泵喷洒在岩石地上。由于纸浆中的纤维相互交错，形成密布孔隙，这种形如布格状的覆盖物有较强的保温、保水、固定种子的作用，尤适于无土岩山地的荒山绿化。

④ 水泥基质喷射。水泥基质是一种由固体、液体和气体三相物质组成，具有一定强度的多孔人工材料。基质中加入稻草秸秆等成孔材料，使固体物质之间形成形状和大小不等的空隙，空隙中充满水分和空气。此技术常常在公路、铁路、堤坝等工程建设中应用。施工前首先开挖、清理并平整岩石边坡的坡面，钻孔、清理并打入锚杆，挂网后喷射拌和种子的水泥基质，萌发后转入正常养护。此法不仅能大大减弱岩石的风化及雨水冲蚀，降低岩石边坡的不稳定性，而且在很大程度上改善了因工程施工而破坏的生态环境，景观效果也很显著，但一般适合小灌木或地被栽植。

2. 屋顶花园树木的栽植

屋顶花园就是在平屋顶或平台上建造人工花园，以美化建筑物顶层的绿化形式，其种植层是人工合成堆积的，不与土壤相连。我国大中城市的土地资源匮乏，可以用于绿化的土地面积越来越少，为了提高城市的绿化覆盖率，改善生态环境，美化城市景观，在商用、住宅等建设土实施屋顶花园是最有效的途径之一，也是世界各国的园林工作者都在努力开拓的绿化空间。

（1）屋顶花园的作用

① 改善城市生态环境。充分利用空间来补充建筑物占有的绿地面积，增加城市绿化量，改善城市生态环境。

② 丰富城市景观。屋顶花园的存在柔化了生硬的建筑物外形轮廓，植物的季相美更赋予建筑物动态的时空变化，并丰富了城市风貌。

③ 改善建筑物顶层的物理性能。屋顶花园构成屋面的隔离层，夏天可使屋面免受阳光直接暴晒、烘烤，可以显著降低其温度；冬季可发挥较好的隔热层作用，降低屋面热量的散失。故能节省顶层窄内降温与采暖的能源消耗。

（2）屋顶花园的特点

① 建筑结构的承载力限度。首先要考虑由于花园的建立而引起的静载和动载的增加，其次是园林小品、植物、水、栽培基质的使用都要仔细推敲。

② 屋顶面积有限。屋顶面积形状又多为工整的几何形，四周一般没有或极少遮挡、空旷开阔，风大，阳光直射强烈，夏季温度较高，冬季寒冷，昼夜温差变化大。

③ 土壤条件差。栽植土层薄，营养物质少。

（3）屋顶花园栽植的树种选择

屋顶花园的特殊生境对树种的选择有严格的限制，一般要求树体具抵抗极端气候的能力，必须是浅根、直光、抗旱、耐贫瘠、抗风、不易倒伏、植株不大的种类。因此要选用须根系的乔灌木、矮化乔灌木及容易生长、景观效果好的地被植物和花卉，并且是品种优良、适合本地生长的植物。距离地面越高的屋顶，树种选择受限制越多。

植物类型上应以草坪、花卉为主，可以穿插点缀一些花灌木小乔木。平台屋顶绿化一般使用植物类型的数量变化顺序应是草坪、花卉、地被植物、灌木、藤本、乔木。

常用的乔木有罗汉松、龙爪槐、紫薇、女贞等，灌木有红叶李、桂花、山茶、紫荆、含笑等，藤本有紫藤、蔷薇、地锦、常春藤、络石等，地被有菲白竹、箬竹、黄馨、铺地柏等。

（4）基质要求

屋顶花园树木栽植的基质要求肥效充足，且为轻质类，以充分减轻屋面载荷。常用基质有田园土、泥炭、草炭、木屑等。轻质人工土壤的自重轻，多采用土壤改良剂以促进形成团粒结构，使保水性及通气性良好，且易排水。

（5）屋顶花园树木栽植技术

① 排水系统处理。a. 架空式种植床：在离屋面10cm处设混凝土板承载种植土层，混凝土板需有排水孔，排水可充分利用原来的排水层，顺着屋面坡度排出。b. 直铺式种植：在屋面板上直接铺设排水层和种植土层，排水层可由碎石、粗砂组成，其厚度应能形成足够的水位差，使土层中过多的水能流向屋面排水。

② 防水层处理。a. 刚性防水层：在钢筋混凝土结构层上用普通硅酸盐水泥砂浆掺5%防水剂抹面。b. 柔性防水层：用油、毡等防水材料分层粘贴而成，通常为二油二毡或二油一毡。c. 涂膜防水层：用聚氨酯等油性化工涂料涂刷成一定厚度的防水膜，高温下易老化。

③ 防腐处理。为防止灌溉水肥对防水层可能产生的腐蚀作用，需作技术处理，提高屋面的防水性能。

④ 灌溉系统设置。屋顶花园种植，灌溉系统的设置必不可少，可采用喷灌或滴灌形式补充水分，安全而便捷。

⑤ 种植土层的做法。选用事先堆积发酵处理的锯木屑、蛭石、砻糠等做基质，掺入一定量的棉籽渣做基肥。也可以用砂壤土1份、腐殖土1份、草炭土1份，混合使用，种植土厚度依据植物种类而定。一般草坪、地被植物为15～20cm，灌木为30～50cm，浅根乔木为60～90cm。

⑥ 屋顶花园竣工后要精心养护管理，要特别注意暴风雨季节做好防御措施。同时，屋顶花园的灌溉要考虑经济节约，除雨水天然补给外，一般采用，浇水以勤浇少浇为主。经常修剪，及时清理枯枝落叶，注意排水，以防系统被堵。

复习思考题

1. 园林树木栽植成活的原理是什么？
2. 园林树木栽植的程序如何？
3. 园林树木为啥最适宜春秋季栽植？
4. 断根缩坨含义如何？如何操作？
5. 土球缠草绳有哪些方式？
6. 支撑栽植的树木有哪些方式？

第七章 园林树木的修剪与整形

对树木的某些器官（枝、叶、花等）加以删疏或剪截，以达到调节生长、开花结实目的的措施称之为修剪。整形是通过一定的修剪措施来形成栽培所需要的树体形态结构的措施。整形是目的，修剪是手段，整形是通过一定的修剪手段来完成的，修剪在整形的基础上，二者紧密相关，统一于栽培养护目的要求下。

第一节 修剪整形的意义

1. 美化树形

在园林绿化水平日益提高的今天，根据不同的造型要求对园林树木进行修建整形使之与周围的环境配置相得益彰，不仅能创造协调美观的景致，也可对园林花木整剪以表现出不同的意境，形成广场、街头、社区的景观亮点，满足人们不同的审美要求。

2. 协调比例

在园林中，树木有时起着衬托作用，如放任生长树体过于高大，就不能很好地体现设计意图。如建筑物、假山、漏窗及池畔等处的配景植物，为了与环境协调常常需控制植株高度或冠副的大小。屋顶、阳台等处种植的花木由于土层浅、容器小、空间窄也需要把植株的大小控制在一定的范围内。在实际应用中除了在植物种类的选择上应慎重考虑外，整形修剪调节也是经常采用的方法。

3. 调节矛盾

不同形体的园林树木因周边环境条件的限制常常需要进行调整。如行道树的树冠往往与架空电线发生矛盾，为避免树冠与电线的接触常将行道树修剪成"杯状"，使电线从"杯"的中间穿过。欧美很多国家常把行道树树冠修剪成"帘"状，不仅增加了植物的美感，还为行人和汽车在炎炎夏日提供了庇荫场所。

4. 调节树势、提高移栽成活率

① 提高移植树的成活率，对树冠进行适度修剪以减少蒸腾量，缓解根部吸水功能下降的矛盾，从而提高树木移植的成活率。

② 促使衰老树的更新复壮，通过适度修剪可刺激枝干皮层内的隐芽萌发，诱发形成健壮的新枝，达到恢复树势、更新复壮的目的。

5. 增加开花结果量

对于观花、观果的树木，可通过修剪促进其花芽分化，达到增花、增果的目的。营养生长与生殖生长之间的平衡关系决定着花芽分化的数量和质量。在实际栽植养护中，可通过一定的修剪方法和合适的修剪时间来调节观花、观果树木营养生长和生殖之间的平衡，协调二者之间的营养分配，为增加花果量创造条件。

6. 改善通风透光

当自然生长的树冠过度郁闭时，内膛枝得不到足够的光照致使枝条下部光秃形成天棚型的叶幕，开花部位也随之外移呈表面化，同时树冠内部相对湿度较大极易诱发病虫害。通过适当疏剪可使树冠通透性能加强、相对湿度降低、光合作用增强，从而提高树体的整体抗逆能力，减少病虫害的发生。

第二节　修剪整形的原则

在对树木进行修剪、整形时，应根据下述的原则进行工作。

一、根据园林绿化对该树木的要求

不同的修剪、整形措施会造成不同的结果；不同的绿化目的各有其特殊的整剪要求，因此，首先应明确该树木在园林绿化中的目的要求。例如，同是一种圆柏，它在草坪上独植作观赏用与为了生产通直的优良木材，就有完全不同的修剪整形要求，因而具体的整剪方法也就不同；至于作绿篱用的则更是大不相同了。

二、根据树种的生长发育习性

在确定目的要求后，于具体整形修剪时还必须根据该树种的生长发育习性来实施，否则会事与愿违达不到既定的目的与要求。

1. 发枝能力

各种树木所具有的萌芽发枝力的大小和愈伤能力的强弱，与修剪的耐力有着很大的关系。具有很强萌芽发枝能力的树种，大都能耐多次的修剪，例如小叶女贞、金叶女贞、大叶黄杨、悬铃木、红叶石楠等。萌芽发枝力弱或愈伤能力弱的树种，如梧桐、桂花、玉兰、雪松、白皮松等，则应少行修剪。

2. 分枝特性

不同树种的生长习性有很大差异，必须采用不同的修剪整形措施。例如很多呈尖塔形、圆锥形树冠的乔木，如水杉、圆柏、银杏、雪松等，顶芽的生长势特别强，形成明显的主干与主侧枝的从属关系；对这一类习性的树种就应采用保留主干的整形方式，而成圆柱形、圆锥形等。对于一些顶端生长势不太强，但发枝力很强，易于形成丛状树冠的，例如桂花、栀子花、榆叶梅、毛樱桃等，可修剪整形成圆球形、半球形等形状。对于像龙爪槐、垂枝梅等具有曲垂而开展习性的，则应采用盘扎主枝为水平圆盘状的方式，以便使树冠呈开张的伞形。

在园林中经常要运用剪、整技术来调节各部位枝条的生长状况以保持均整的树冠，这就必须根据植株上主枝和侧枝的生长关系来进行。按照树木枝条间的生长规律而言，在同一植株上，主枝愈粗壮则其上的新梢就越多，新梢多则叶面积大，制造有机养分及吸收无机养分的能力也越强，因而使该主枝生长粗壮；反之，同树上的弱主枝则因新梢少、营养条件差而生长越渐衰弱。所以欲借修剪措施来使各主枝间的生长势近于平衡时，则应对强主枝加以抑制，使养分转至弱主枝方面来。故整剪的原则是"对强主枝强剪（即留得短些），对弱主枝弱剪（即留得长些）"，这样就可获得调节生长，使之逐渐平衡的效果。对欲调节侧枝的生长势而言，应掌握的原则是"对强侧枝弱剪，对弱侧枝强剪"。这是由于侧枝是开花结实的基础，侧枝如生长过强或过弱时，均不易转变为花枝，所以对强者弱剪可产生适当的抑制生长作用而集中养分使之有利于花芽的分化，而花果的生长发育也对强侧枝的生长产生抑制作用。对弱侧枝行强剪，则可使养分高度集中，并借顶端优势的刺激而生出强壮的枝条，从而获得调节侧枝生长的效果。

3. 花芽性质、开花习性

树种的花芽着生和开花习性有很大差异，有的是先开花后生叶，有的是先发叶后开花，有的是单纯的花芽，有的是混合芽，有的花芽着生于枝的中部或下部，有的着生于枝梢，这些千变万化的差异均是在进行修剪时应予考虑的因素，否则很可能造成较大损失。

4. 树龄及生长发育

植株处于幼年期时，由于具有旺盛的生长势，所以不宜行强度修剪，否则往往会使枝条不能及时在秋季成熟，因而降低抗寒力；也会造成延迟开花年龄的后果。所以对幼龄小树除特殊需要外，只宜弱剪，不宜强剪。成年期树木正处于旺盛的开花结实阶段，此期树木具有完整优美的树冠，这个时期的修剪整形目的在于保持植株的健壮完美，使开花结实活动能长期保持繁茂和丰产、稳产，所以关键在于配合其他管理措施，综合运用各种修剪方法以达到调节均衡的目的。衰老期树木，因其生长势力衰弱，每年的生长量小于死亡量，处于向心生长更新阶段，所以修剪时应以强剪为主以刺激其恢复生长势，并应善于利用徒长枝来达到更新复壮的目的。

三、根据树木生长地点的环境条件特点

由于树木的生长发育与环境条件间具有密切关系，因此即使具有相同的园林绿化目的要求，但由于条件的不同，在进行具体修剪整形时也会有所不同。例如同是一株独植的乔木，在土地肥沃处以整剪成自然式为佳；而在土壤瘠薄或地下水位较高处则应适当降低分枝点，使主枝在较低处即开始构成树冠；而在多风处，主干也宜降低高度，并应使树冠适当稀疏才妥。

四、因枝修剪、随树做形

实践中树形和枝条的姿态多样，很难用几种模式全部代表。什么样的树木整成相应的型；什么样的姿态进行相应的修剪，不能强求一种模式。

第三节　修剪

一、修剪的时期

　　各种树种的抗寒性、生长特性及物候期对决定它们的修剪时期有着重要的影响。总的来讲，可分为休眠期修剪（又称冬季修剪）和生长期修剪（又称春季修剪或夏季修剪）两个时期。前者视各地气候而异，大抵自土地结冻树木休眠后至次年春季树液开始流动前施行。抗寒力差的种类最好在早春修剪，以免伤口受风寒伤害；对伤流特别旺盛的种类，如桦木、葡萄、复叶槭、胡桃、悬铃木、四照花等不可修剪过晚，否则会自伤口流出大量树液而使植株受到严重伤害。后者，即生长季的修剪期是自萌芽后至新梢或副梢延长生长停止前这一段时期内实施，其具体日期则视当地气候及树种而异，但勿过迟，否则易促使发生新副梢而消耗养分且不利于当年新梢的充分成熟。

二、修剪方法

　　1. 截干

　　对干茎或粗大的主枝、骨干枝等进行截断的措施称为截干。这种方法有促使树木更新复壮、提高移栽成活率的作用。也可使隐芽萌发，进行壮树的树冠结构改造和老树的更新复壮。

　　2. 疏（疏剪）

　　从分枝基部把枝条剪掉的修剪方法。主要作用：减少树冠内部的分枝数量，使枝条分布趋向合理与均匀；改善树冠内膛的通风与透光；增强树体的同化功能，减少病虫害的发生，并促使树冠内膛枝条的营养生长或者开花结果。主要对象是弱枝、病虫枝、枯枝、位置不当枝。注意疏强留弱或者疏剪枝条过多，会对树木的生长产生较大的削弱作用，疏剪多年生的枝条对树木生长的削弱作用较大，一般宜分期进行。

　　3. 短截（短剪）

　　指对一年生枝条的剪截处理。作用：刺激剪口下的侧芽萌发，增加枝条数量，促进营养生长和开花结果。

　　① 轻短截：剪去枝条全长的1/5 ~ 1/4。枝条短截后，芽萌生，形成大量中短枝，易分化更多的花芽。主要用于观花、观果类树木强壮枝的修剪。

　　② 中短截：剪去枝条长度的1/3 ~ 1/2。使养分集中，促使剪口下发生较多的营养枝。主要用于骨干枝和延长枝的培养及某些弱枝的复壮。

　　③ 重短截：枝条中下部全长2/3 ~ 3/4处短截。主要使基部隐芽萌发，适用于弱树、老树和老弱树的复壮更新。

　　④ 极重短截：仅在春梢的基部留2 ~ 3个芽，其余全部去除。主要用于竞争枝的处理。

　　4. 回缩

　　指对多年生枝条进行短截的修剪方式。主要作用：在树木生长势减弱、部分枝条开始下垂、树冠中下部出现光秃现象时采用此法。多用于衰老枝的复壮和结果枝的更新，促使剪口下方的枝条旺盛生长或刺激休眠芽萌发徒长枝，达到更新复壮的目的。

　　5. 摘心

　　将新梢顶端摘除的措施称为摘心。摘除部分长2 ~ 5cm。摘心可抑制新梢生长，使养分转移至芽、果或枝部，有利于花芽的分化、果实的肥大或枝条的充实。但摘心后，新梢上部的芽易萌发成二次梢，可待其生出数叶后再行摘心。

6. 除芽（抹芽）

把多余的芽除掉称为除芽。此措施可改善其他留存芽的养分供应状况而增强生长势。其中亦有将主芽除去而使副芽或隐芽萌发的，这样可抑制过强的生长势或延迟发芽期。例如河南鄢陵花农为了延长腊梅的嫁接时期而常将母本枝条上的主芽除去，使再生新芽后，才采作接穗用。

7. 折裂

为防止枝条生长过旺，或为了弯曲枝条使形成各种苍劲的艺术造型时，常在早春芽略萌动时，对枝条施行折裂处理。较粗放的方法是用手将枝折裂，但对珍贵的树木行艺术造型处理时，应先用刀斜向切入，深及枝条直径的2/3～1/2，然后小心地将枝弯折，并利用木质部折裂处的斜面互相顶住。精细管理者并于切口处涂泥以免伤口蒸腾水分过多。

8. 捻梢

将新梢屈曲而扭转但不使断离母枝的措施称捻梢。此法多在新梢生长过长时应用。用捻梢法所产生的刺激作用较小，不易促发副梢，缺点为扭转处不易愈合，以后尚须再行一次剪平手续。此外，也有用"折梢"法，即以折伤新梢而不断下的方法代替捻梢。

9. 屈枝（弯枝、缚枝、盘扎）

是将枝条或新梢施行屈曲、缚扎或扶立等诱引措施。由于芽、梢的生长有顶端优势，故用屈曲法可以控制该枝梢或其上的芽的萌发作用。当直立诱引时可增强生长势；当水平诱引则有中等的抑制作用；当向下方屈曲诱引时，则有较强的抑制作用。在绿地中，于重点园景配植时常用此法将树木盘扎成各种艺术性姿态。

10. 摘叶（打叶）

适当摘除过多的叶子称摘叶。它有改善通风透光的效果。对观果树种来讲有使果实充分见光而着色良好的效果。在密植的群体中施行本措施，有增强组织、防止病虫滋生等作用。

11. 摘蕾

凡是为了获得肥硕的花朵，如牡丹、月季等，常可用摘除侧蕾的措施而使主蕾充分生长。对一些观花树木，在花谢后常摘除枯花，不但能提高观赏价值，又可避免结实消耗养分。

12. 摘果

为使枝条生长充实，避免养分过多消耗，常将幼果摘除。例如多月季、紫薇等，为使其连续开花，必须时时剪除果实。至于以采收果实为目的，亦常为使果实肥大，提高品质或避免出现"大、小年"现象而摘除适量果实。

13. 去蘖

是除去株基部附近的根蘖或砧木上萌蘖的措施。它可使养分集中供应植株，改善生长发育状况。

14. 刻

是在芽或枝附近行刻伤的措施。深度以达木质部为度。当在芽或枝的上方行切刻时，由于养分、水分受伤口的阻隔而集中于该芽或枝条，可使生长势加强。当在芽或枝的下方行切刻时，则生长势减弱，但由于有机营养物质的积累，能使枝、芽充实，有利于加粗生长和花芽的形成。切刻越深越宽时，其作用就越强。

15．纵伤

是在枝干上用刀纵切，深及木质部的措施。作用是减少树皮的束缚力，有利于枝条的加粗生长。细枝可行一条纵伤，粗枝可纵伤数条。

16．横伤

是对树干或粗大主枝刀横砍数处，深及木质部。作用是阻滞有机养分下运，可使枝干充实，有利于花芽的分化，能达到促进开花结实和丰产的目的。此法在枣树上常常应用。

17．环剥（环状剥皮）

是在干枝或新梢上，用刀或环剥器切剥掉一圈皮层组织的措施。其功能同于横伤，但作用要强大的多。环剥的宽度一般为2～10mm，视枝干的粗细和树种的愈伤能力，生长速度而定。但忌过宽，否则长期不能愈合会对树木生长不利。应注意的是对伤流过旺或易流胶的树种，不宜应用此措施。

18．断根

是将植株的根系在一定范围内全行切断或部分切断的措施。本法有抑制树冠生长过旺的特效。断根后可刺激根部发生新须根，所以有利于移植成活。因此，在珍贵苗木出圃前或进行大树移植前，均常应用断根措施。此外，也可利用对根系的上部或下部的断根，促使根部分别向土壤深层或浅层发展。

三、修剪时应注意的事项

1．剪口芽

在修剪具有永久性各级骨干枝的延长枝时，应特别注意剪口与其下方芽的关系。如图7-1，图中（1）是正确的剪法，即斜切面与芽的方向相反、其上端与芽端相齐、下端与芽之腰部相齐，这样剪口不大，又利于养分、水分对芽的供应，使剪口面不易干枯而可很快愈合，芽也会抽梢良好。图中（2）的剪法，离芽太近极易造成剪口芽的死亡，且形成过大的切口，切口下端大于芽基部的下方，由于水分蒸腾过烈，会严重影响芽的生长势，甚至可使芽枯死。图中（3）、（6）的剪法，易伤到预留芽，万不可取。图中（4）、（5）的剪法，遗留下一小段枝梢，常常不易愈合，并为病虫的侵袭打开门户，而且如果遗留的枝梢过长时，在芽萌发后易形成弧形的生长现象。这对于幼苗的延长主干来讲，会降低苗木的品级。但在华北春季多旱风处也常施行如图（4）、（5）的剪法，待度过春季旱风期后再行第二次修剪，剪除芽上方之多余部分枝段。

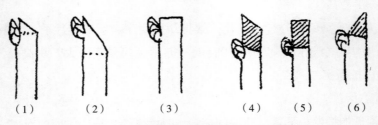

（1）　　　（2）　　　（3）　　　（4）　　（5）　　（6）

图7-1　修剪枝条切口位置与剪口芽的关系

此外，除了注意剪口芽与剪口的位置关系外，还应注意剪口芽的方向就是将来延长枝的生长方向。因此，须从树冠整形的要求来具体决定究竟应留哪个方向的芽。一般言之，对垂直生长的主干或主枝而言，每年修剪其延长枝时，所选留的剪口芽的位置方向应与上年的剪口芽方向相反，如此才可以保证延长枝的生长不会偏离主轴（图7-2）。

至于向侧方斜生的主枝，其剪口芽应选留向外侧或向树冠空疏处生长的方向。

以上所述均为修剪永久性的主干或骨干枝时所应注意的事项。至于小侧枝，则因其寿命较短，即使芽的位置、方向等不适当也影响不大。

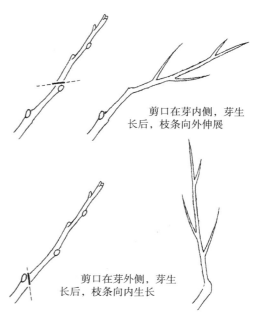

剪口在芽内侧，芽生长后，枝条向外伸展

剪口在芽外侧，芽生长后，枝条向内生长

图7-2 剪口芽的位置与来年新枝的方向

2．主枝或大骨干枝的分枝角度

对高大的乔木而言，分枝角度太小时，容易受风、雪压、冰挂或结果过多等压力而发生劈裂事故。因为在二枝间由于加粗生长而互相挤压，不但不能有充分的空间发展新组织，反而使已死亡的组织残留于二枝之间，因而降低了承压力；反之，如分枝角较大时，则由于有充分的生长空间，故二枝间的组织联系得很牢固而不易劈裂。

由于上述道理，所以在修剪时应剪除分枝角过小的枝条，而选留分枝角较大的枝条作为下一级的骨干枝。对初形成树冠而分枝角较小的大枝，可用绳索将枝拉开，或于二枝间嵌撑木板，加以矫正。

3．修剪的顺序

修剪时最忌漫无次序不假思索地乱剪。这样常会将需要保留的枝条也剪掉了，而且速度也慢。有经验的技术人员除对人工整形树如绿篱等是先由外部修剪成大体轮廓外，均是按照"由基到梢、由内及外"的顺序来剪，即先看好树冠的整体应整成何种形式，然后由主枝的基部自内向外逐渐向上修剪，这样就会避免差错或漏剪，既能保证修剪质量又可提高速度。

4．大枝锯除法

（1）位置：

既不紧贴树干也不超过枝条基部树皮隆脊部分与枝基部环痕。

（2）步骤

① 10cm以下：距截口10～15cm锯树干——将残桩在截口处由下而上稍倾斜削正。

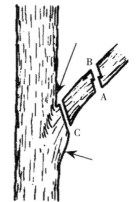

图7-3 大枝的三步锯截法

② 10cm以上：距截口25cm由下而上锯1/2～1/3——距第一截口外侧5cm左右自上而下锯2/3，折断——锯掉残桩——修平，涂保护剂（图7-3）。

剪口面积大时需保护，先用2%硫酸铜、石硫合剂原液、0.1%升汞等消毒，然后涂保护剂（保护蜡、液体保护剂、油漆等）。

第四节　整形

整形工作总是结合修剪进行的，所以除特殊情况外，整形的时期与修剪的时期是统一的。园林绿地中的树木负担着多种功能任务，所以整形的形式各有不同，但是概括地可以分为以下三类。

一、自然式整形

在园林绿地中，以本类整形形式最为普遍，施行起来也最省工，而且最易获得良好的观赏效果。

本式整形的基本方法是利用各种修剪技术，按照树种本身的自然生长特性，对树冠的形状作辅助性的调整和促进，使之早日形成自然树形，对由于各种因子而产生的扰乱生长平衡、破坏树形的徒长枝、冗枝、内膛枝、并生枝以及枯枝、病虫枝等，均应加以抑制或剪除，注意维护树冠的匀称完整。

自然式整形是符合树种本身的生长发育习性的，因此常有促进树木生长良好、发育健壮的效果，并能充分发挥该树种的树形特点，提高观赏价值。

二、人工式整形

由于园林绿化中特殊的目的，有时可用较多的人力物力将树木整剪成各种规则的几何形体或不规则的各种形体，如鸟、兽、城堡等。

1. 几何形体的整形

按照几何形体的构成规律作为标准来进行修剪整形，例如正方形树冠应先确定每边的长度；球形树冠应确定半径等。

2. 非几何形体的其他形体整形

① 垣壁式。在庭园及建筑附近为达到垂直绿化墙壁的目的，在欧洲的古典式庭园中常可见到本式。常见的形式有U字形、义形、肋骨形、扇形等。

本式的整形方法是使主干低矮在干上向左右两侧呈对称或放射状配列主枝，并使之保持在同一平面上。

② 雕塑式。根据整形者的意图匠心，创造出各种各样的形体。但应注意树木的形体应与四周园景谐调，线条勿过于繁琐，以轮廓鲜明简练为佳。整形的具体做法全视修剪者技术而定，也常借助于棕绳或铅丝，事先作成轮廓样式进行整形修剪。

人工式整形是与树种本身的生长发育特性相违背的，是不利于树木的生长发育的，而且一旦长期不剪，其形体效果就易破坏，所以在具体应用时应该全面考虑。

三、自然与人工混合式整形

这是由于园林绿化上的某种要求，对自然树形加以或多或少的人工改造而形成的形式。常见的有以下几种。

1. 杯状形

在主干一定高度处留3主枝向四面配列，各主枝与主干的角度约45°，3主枝间的角度约为120°。在各主枝上又留2条次级主枝，在各次级主枝上又应再保留2条更次一级的主枝，依次类推，即形成似假二叉分枝的杯状树冠（图7-4）。这种整形方法，本是对轴性较弱的树种实施较多的人工控制的方法，也是违反大多数树木的生长习性的。在过去，杯状形多见于果园中用于桃树的整形，在街道绿化上亦有用于悬铃木的。后者大都是由于当地多大风、地下水高，土层较浅以及空中缆线多等原因，不得不用抑制树冠的方法，但亦常见一些城市虽无上述限制，却也采用本法则属"东施效颦"了。

2. 开心形

这是将上法改良的一种形式，适用于轴性弱、枝条开展的树种。整形的方法亦是不留主干而留

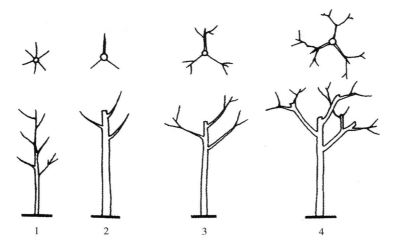

图7-4 杯状形树冠的整剪过程

多数主枝配列四方。在主枝上每年留有主枝延长枝，并于侧方留有副主枝处于主枝间的空隙处（图7-5）。整个树冠呈扁圆形，可在观花小乔木及苹果、桃等喜光果树上应用。

3. 多主干形

留2～4个主干，于其上分层配列侧生主枝（图7-6）。本形适用于生长较旺盛的种类，可造成较优美的树冠，提早开花年龄，延长小枝寿命，最宜于作观花乔木、庭阴树的整形。

4. 中央领导干形

留一强大的主干，在其上配列疏散的主枝。本形式是对自然树形加工较少的形式之一。本形式适用于轴性强的树种，能形成高大的树冠，最宜于作庭阴树、独赏树及松柏类乔木的整形。

5. 丛球形

此种整形法颇类似多主干形，只是主干较短，干上留数主枝呈丛状。本形多用于小乔木及灌木的整形。

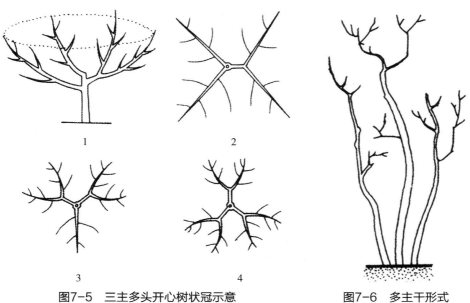

图7-5 三主多头开心树状冠示意　　　　图7-6 多主干形式

6. 棚架形

这是对藤本植物的整形。先建各种形式的棚架、廊、亭，种植藤本树木后，按生长习性加以剪、整等诱引工作（图7-7）。

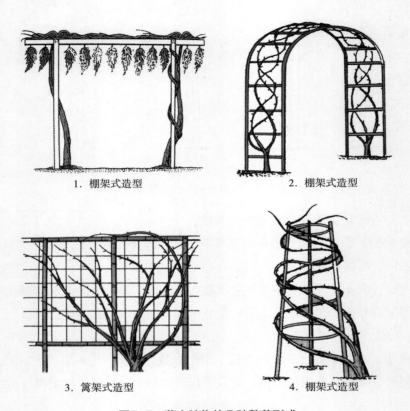

1. 棚架式造型　　　　　　　　2. 棚架式造型

3. 篱架式造型　　　　　　　　4. 棚架式造型

图7-7　藤本植物的几种整剪形式

总括以上所述整形方式，在园林绿地中以自然式应用最多，既省人力、物力又易成功。其次为自然与人工混合式整形，这是使花朵硕大、繁密或果实丰多肥美等目的而进行的整形方式，它比较费工，亦需适当配合其他栽培技术措施。关于人工形体式整形，一般而言，由于很费人工，且需有较熟练技术水平的人员，故常只在园林局部或在要求特殊美化处应用。

第五节　各类园林树木的修剪整形

园林绿地中栽植着各种用途的树木，即使是同一种树木，由于园林用途的不同，其修剪整形的要求也是不同的。下面分别将其要点叙述于下。

一、庭阴树与行道树的剪整

一般而言，对树冠不加专门的整形工作而多采用自然树形。庭阴树的主干高度应与周围环境的要求相适应，一般无固定的规定而主要视树种的生长习性而定。行道树的主干高度以不妨碍车辆及行人通行为主，一般以3～4m为宜。

庭阴树与行道树树冠与树高的比例大小，视树种及绿化要求而异。孤植树木的树冠以尽可能大些为宜，不仅能充分发挥其观赏效果而且对一些树干皮层较薄的种类，如七叶树、白皮松等，可防止日灼伤害干皮。

行道树的整形方式虽多采用自然形，但由于特殊的要求或风俗习惯等原因，亦有采用混合式的。如由于空中电线等设施物的阻碍，可将其整剪成杯状。行道树树冠过小，不但影响了遮阴等卫生防护功能而且常致寿命短促，故最近不少城市已在注意如何解决行道树与地上、地下管线的矛盾，以达到扩大树冠的目的。可运用"开弄堂"（图7-8）（即将树冠剪整成V字形，使电线从空隙中穿过）、"伞股式复壮"（即疏剪主枝，使主枝穿过电线层之上方）等方法来促使树冠适当扩大。

图7-8 行道树"穿弄堂"

庭阴树与行道树在具体修剪时，除人工式需每年用很多的劳力进行休眠期修剪以及夏季生长期修剪外，对自然式树冠则每年或隔年将病、枯枝及扰乱树形的枝条剪除，对干基部发生的萌蘖以及主干上由不定芽产生的冗枝，均应——剪除。

二、灌木类的剪整

按树种的生长发育习性，可分为下述几类剪整方式。

1. 先开花后发叶的种类

可在春季开花后修剪老枝并保持理想树姿。对毛樱桃、榆叶梅等枝条稠密的种类，可适当疏剪弱枝、病枯枝。用重剪进行枝条的更新，用轻剪维持树形。对于具有拱形枝的种类，如连翘、迎春等，可将老枝重剪，促进发生强壮的新条以充分发挥其树姿特点。

2. 花开于当年新梢的种类

可在冬季或早春剪整。如紫薇、山梅花等可于休眠季节行重剪使新梢强健。如月季、珍珠梅等可达到在生长季中开花不绝的，除早春重剪老枝外，并应在花后修剪残花，以便再次发枝开花。

3. 观赏枝条及观叶的种类

应在冬季或早春施行重剪，以后行轻剪，使萌发多数枝及叶。又如红瑞木等耐寒的观枝植物，可在早春修剪，以便冬枝充分发挥观赏作用。

4. 萌芽力极强的种类或冬季易干梢的种类

可在冬季自地面刈去，使次春重新萌发新枝，如胡枝子、荆条及醉鱼草等均宜用此法。

三、藤木类的剪整

在自然风景区中，对藤本植物很少加以修剪管理，但在一般的园林绿地中则有以下几种处理方式。

1. 棚架式

对于卷须类及缠绕类藤本植物多用此种方式进行剪整。剪整时，应在近地面处重剪，使发生数条强壮主蔓，然后垂直诱引主蔓于棚架的顶部，并使侧蔓均匀地分布架上，则可很快地成为阴棚。之后，除隔数年将病、老或过密枝疏剪外，一般不必每年剪整。

2. 凉廊式

常用于卷须类及缠绕类植物，亦偶尔用吸附类植物。因凉廊有侧方格架，所以主蔓勿过早诱引于廊顶，否则容易形成侧面空虚。

3. 篱垣式

多用于卷须类及缠绕类植物。将侧蔓行水平诱引后，每年对侧枝施行短剪，形成整齐的篱垣形式。

4. 附壁式

本式多用吸附类植物为材料。方法很简单，只需将藤蔓引于墙面即可自行依靠吸盘或吸附根而逐渐布满墙面。例如爬山虎、凌霄、扶芳藤、常春藤等均用此法。此外，在某些庭园中，有在壁前20~50cm处设立格架，在架前栽植植物，例如蔓性蔷薇等开花繁茂的种类多在建筑物的墙面前采用本法。修剪时应注意使壁面基部全部覆盖，各蔓枝在壁面上应分布均匀，勿使互相重叠交错为宜。

在本式剪整中，最易发生的毛病为基部空虚，不能维持基部枝条长期密茂。对此，可配合轻、重修剪以及曲枝诱引等综合措施，并加强栽培管理工作。

5. 直立式

对于一些茎蔓粗壮的种类如紫藤等，可以剪整成直立灌木式。此式如用于公园道路旁或草坪上，可以收到良好的效果。

四、植篱的剪整

植篱又称为绿篱、生篱，剪整时应注意设计意图和要求。自然式植篱一般可不行专门的剪整措施，仅在栽培管理过程中将病老枯枝剪除即可。对整形式植篱则需施行专门的修剪整形工作。

1. 整形式植篱的形式

形式多样，有剪整成几何形体的，有剪成高大的壁篱式作雕像、山石、喷泉等背景用，亦有将植篱本身作为景物的；亦有将树木单植或丛植，然后剪整成鸟、兽、建筑物或具有纪念、教育意义等雕塑形式。

整形式植篱在栽植的方式上，通常多用直线形，但在园林中为了特殊的需要，例如需方便于安放坐椅、雕像等物时，亦可栽成各种曲线或几何形。在剪整时，立面的形体必须与平面的栽植形式相和谐。此外，在不同的小地形中，运用不同的整剪方式，亦可收到改造地形的功效，这样不但增加了美化效果，而且对防止水土流失方面亦有着很大的实用意义。

2. 整形式植篱的剪整方法

在以上各式的剪整中，经验丰富的可随手剪去即能达到整齐美观的要求。不熟练的则应先用线绳定型，然后以线为界，进行修剪。

植篱最易发生下部干枯空裸现象，因此在剪整时，其侧断面以呈梯形最好，可以保持下部枝叶受到充分的阳光而生长茂密不易秃裸（图7-9）。反之，如断面呈倒梯形，则植篱下部易迅速秃空，不能长久保持良好效果。

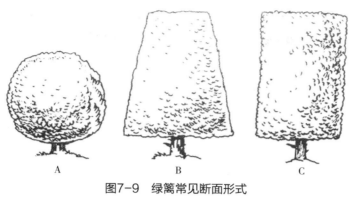

图7-9　绿篱常见断面形式

A. 球形　B. 梯形　C. 矩形

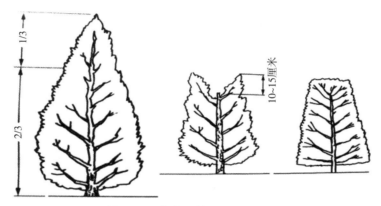

图7-10　新植绿篱的修剪方法

3. 新植绿篱的修剪方法（图7-10）

第一年：定植当年，为恢复树势，只对苗体偏大、枝叶偏多的进行适度短截，其他可任其自由生长。第二年：萌芽期间，以大多数苗木高度为准，将主要梢头剪去1/3，以此为标准在两端定桩拉线使高度一致。第三年及以后每年正常修剪：每年对新梢修剪2~3次，勿使远离篱体。

复习思考题

1. 园林树木修建整形的作用和意义是什么？

2. 园林树木修建整形的原则、依据是什么？

3. 园林树木修建整形的程序是什么？

4. 园林树木适宜的修建整形的时间和方法是什么？

5. 园林树木有哪些整形方式？

6. 各类园林树木整形修剪应注意哪些方面？

第八章 园林树木的养护管理

园林树木的养护管理包括土、肥、水的管理，自然灾害及其防治，以及树体的保护与修补等内容。

第一节 土壤管理

土壤是树木生长的基地，也是树木生命活动所需求的水分、各种营养元素和微量元素的源泉。因此，土壤的好坏直接关系着树木的生长。不同的树种对土壤的要求是不同的。但是一般而言，树木都要求保水保肥能力好的土壤，同时在雨水过多或积水（除耐水湿的以外）时，往往易引起烂根，故下层排水良好非常重要，因此下层土壤富含砂砾时最为理想。此外，又要求栽植地的土壤应充分风化，才能提供需要的养分。

一、树木生长地的土壤条件

园林树木生长地的土壤条件十分复杂。据调查园林树木生长地的土壤，大致可分为以下几类。

① 平原肥土。平原肥土最适合园林树木生长，但这种条件不多。

② 市政工程施工后的场地。在城市中，如地铁、人防工程等处由于施工，将未熟化的心土翻到表层，使土壤肥力降低。而且机械施工，碾压土地，会造成土壤坚硬，土壤通气不良。

③ 荒山荒地。荒山荒地的土壤尚未深翻熟化，肥力低。

④ 煤灰土或建筑垃圾土。在居住区，由生活产生的废物，如煤灰、垃圾、瓦砾、动植物残骸等形成的煤灰土以及建筑后留下的灰槽、灰渣、煤屑、砂石、砖瓦块、碎木等建筑垃圾堆积而成的土壤。

⑤ 紧实的土壤。园林绿地常常受人流的践踏和车辆的碾压，使土壤密度增加，孔隙度降低，

通透性不良，因而对树木生长发育相当不利。

⑥ 人工土层。就是人工修造的，代替天然地基的构筑物，这个概念是针对城市建筑过密现象而解决土地利用问题的一种方法。如建筑的屋顶花园、地下停车场、地下铁道、地下贮水槽等上面的栽植，都可以把建筑物视为人工土层的载体。人工土层没有地下毛细管水的供应，同时土层的厚度受到局限，有效的土壤水分容量也小，如果没有雨水或人工浇水，则土壤干燥，不利于植物的生长。

天然土地因为热容量大，所以地温的变化受气温变化的影响小，土层越深，变化幅度越小，达到一定深度后，地温就几乎不变了，是恒定的。人工土层则有所不同，因为土层很薄，受到外界气温的变化和从下部结构传来的热变化两种影响，土壤温度的变化幅度较大。所以天然土地上面的树木根系能够从地表向下生长到一定深度，而不直接受到气温变化的影响，从这一点来看，人工土层的栽植环境是不够理想的。

人工土层的土壤容易干燥，温度变化大，土壤微生物的活动易受影响，腐殖质的形成速度缓慢，因此人工土层的土壤选择很重要，特别是屋顶花园，要选择保水和保肥能力强，同时应施用腐熟的肥料。因为如果保水保肥能力不强，灌水后都漏走流失，其中的养分也随着流失。因此如果不经常补充肥料，土壤就会逐渐贫瘠，不利于植物的生长。为减轻建筑的负荷，减少经济开支，采用的土壤要轻，因此需要混合各种多孔性轻量材料，例如混合蛭石、珍珠岩、煤灰渣、泥炭等。选用的植物材料体量要小，重量要轻。

⑦ 沿海地区的土壤。滨海填筑地，因受填筑土的来源和海潮及海潮风影响，如果是砂质土壤，盐分被雨水溶解后能够迅速排出，如果是黏性土壤，因透水性小，便会长期残留盐分。为此，应设法排洗盐分，如淡水洗盐和施有机肥等。

⑧ 水边低湿地水。水边低湿地一般土壤紧实，水分多，通气不良，土质多带盐碱（北方）。

⑨ 酸性红壤。在我国长江以南地区常常遇到红壤。红壤呈酸性反应，土粒细，土壤结构不良，水分过多时，土粒吸水成糊状；干旱时水分容易蒸发散失，土块易变成紧实坚硬．又常缺乏氮、磷、钾等元素。许多植物不能适应这种土壤，因此需要改良。例如，增施有机肥，磷肥、石灰、扩大种植面，并将种植面连通开挖排水沟或在种植面下层设排水层等。

⑩ 工矿污染地。由矿山和工厂排出的废水里面含有害成分，污染土地，致使树木不能生长，此类情况，除用良好的土壤替换外，别无他法。

除上述以外，园林绿地的土壤有可能是盐碱土、重黏土、砂砾土等，因此，在种植前应施有机肥进行改良。

二、树木栽植前的整地

整地，即土壤改良和土壤管理，是保证树木成活和健壮生长的有利措施。

1. 树木栽植前整地工作的特点

从前文介绍来看，园林绿地的土壤条件十分复杂，因此，园林树木的整地工作既要做到严格细致，又要因地制宜。园林树木的整地应结合地形进行整理，除满足树木生长发育对土壤的要求外，还应注意地形地貌的美观。在疏林草地或栽种地被植物的树林、树群、树丛中，整地工作应分2次进行：第1次在栽植乔灌木以前；第2次则在栽植乔灌木之后及铺草坪或其他地被植物之前。

2. 园林整地工作的内容与做法

园林的整地工作，包括以下几项内容：适当整理地形、翻地、去除杂物、碎土、耙平、填压土壤。其方法应根据各种不同情况进行。

① 一般平缓地区的整地。对8°以下的平缓耕地或半荒地，可采取全面整地。通常多翻耕30cm深，以利蓄水保墒。对于重点布置地区或深根性树种可翻掘50cm深，并施有机肥，借以改良土壤。平地、整地要有一定倾斜度，以利排除过多的雨水。

② 市政工程场地和建筑地区的整地。在这些地区常遗留大量灰槽、灰渣、砂石、砖石、碎木及建筑垃圾等，在整地之前应全部清除，还应将因挖除建筑垃圾而缺土的地方，换入肥沃土壤。由于夯实地基，土壤紧实，所以在整地同时应将夯实的土壤挖松，并根据设计要求处理地形。

③ 低湿地区的整地。低湿地土壤紧实，水分过多，通气不良，土质多带盐碱，即使树种选择正确，也常生长不好。解决的办法是挖排水沟，降低地下水位，防止返碱。通常在种树前1年，每隔20m左右就挖出1条深1.5～2.0m的排水沟，并将掘起来的表土翻至一侧培成垅台，经过一个生长季，土壤受雨水的冲洗，盐碱藏少了，杂草腐烂了，土质疏松，不干不湿，即可在垅台上种树。

④ 新堆土山的整地。挖湖堆山，是园林建设中常有的改造地形措施之一。人工新堆的土山，要令其自然沉降，然后才可整地植树，因此，通常多在土山堆成后，至少经过1个雨季，始行整地。人工土山多不太大，也不太陡，又全是疏松新土，因此，可以按设计进行局部的自然块状整地。

⑤ 荒山整地。在荒山主整地之前，要先清理地面，刨出枯树根，搬除可以移动的障碍物，在坡度较平缓、土层较厚的情况下，可以采用水平带状整地，这种方法是沿低山等高线整成带状的地段，故可称环山水平线整地。

在干旱石质荒山及黄土或红壤荒山的植树地段，可采用连续或断续的带状整地，称为水平阶整地。在水土流失较严重或急需保持水土，使树木迅速成林的荒山，则应采用水平沟整地或鱼鳞坑整地，还可以采用等高撩壕整地。

3. 整地季节

整地季节的早晚对完成整地任务的好坏直接有关，在一般情况下，应提前整地，以便发挥蓄水保墒的作用，并可保证植树工作及时进行。这一点在干旱地区，其重要性尤为突出。一般整地应在植树前3个月以上的时期内（最好经过1个雨季）进行，如果现整现栽，效果将会大受影响。

三、树木生长地的土壤改良及管理

园林绿地土壤改良不同于农作物的土壤改良，农作物土壤改良可以经过多次深翻、轮作、休闲和多次增施有机肥等手段。而城市园林绿地的土壤改良，不可能采用轮作，休闲等措施，只能采用深翻、增施有机肥等手段来完成，以保证树木能正常生长几十年至百余年。

园林绿地土壤改良和管理的任务，是通过各种措施，来提高土壤的肥力，改善土壤结构和理化性质，不断供应园林树木所需的水分与养分，为其生长发育创造良好的条件。同时还可以结合实行其他措施，维持地形地貌整齐美观，减少土壤冲刷和尘土飞扬，增强园林景观效果。

园林绿地的土壤改良多采用深翻熟化、客土改良、培土与掺沙和施有机肥等措施。

1. 深翻熟化

深翻结合施肥，可改善土壤结构和理化性质，促使土壤团粒结构形成，增加孔隙度。因而，深翻后土壤含水量大为增加。深翻后土壤的水分和空气条件得到改善，使土壤微生物活动加强，可加速土壤熟化，使难溶性营养物质转化为可溶性养分，相应地提高了土壤肥力。

园林树木很多是深根性植物，根系活动很旺盛。因此，在整地、定植前要深翻，给根系生长创造良好条件，促使根系向纵深发展。对重点布置区或重点树种还应适时深耕，以保证树木随着树龄的增长，对肥、水、热的需要。过去曾认为深翻伤根多，对根系生长不利，实践证明，合理深翻，断根后可刺激发生大量的新根，因而提高吸收能力，促使树体健壮，新梢长，叶片浓绿，花芽形成良好。因此，深翻熟化，不仅能改良土壤，而且能促进树木生长发育。

深翻的时间一般以秋末冬初为宜。此时，地上部生长基本停止或趋于缓慢，同化产物消耗减少，并已经开始回流积累，深翻后正值根部秋季生长高峰，伤口容易愈合；同时容易发出部分新根，吸收和合成营养物质，在树体内进行积累，有利于树木次年的生长发育；深翻后经过冬季，有利于土壤风化积雪保墒；同时，深翻后经过大量灌水，土壤下沉，土粒与根系进一步密接，有助于根系生长。早春土壤化冻后应当及早进行深翻，此时地上部尚处于休眠期，根系刚开始活动，生长较为缓慢，但伤根后除某些树种外也较易愈合再生。但是，春季劳力紧张，往往受其他工作冲击影响此项工作的进行。

深翻的深度与地区、土质、树种、砧木等有关，黏重土壤深翻应较深，砂质土壤可适当浅耕，地下水位高时宜浅，下层为半风化的岩石时则宜加深以增厚土层；深层为砾石，也应翻得深些，拣出砾石并换好土，以免肥、水淋失；地下水位低，土层厚，栽植深根性树木时则宜深翻，反之则浅。下层有黄淤土、白干土、胶泥板或建筑地基等残存物时，深翻深度则以打破此层为宜，以利渗水。可见，深翻深度要因地、因树而异，在一定范围内，翻得越深效果越好，一般为60～100cm，最好距根系主要分布层稍深，稍远一些，以促进根系向纵深生长，扩大吸收范围，提高根系的抗逆性。

深翻后的作用可保持多年，因此，不需要每年都进行深翻。深翻效果持续年限的长短与土壤有关，一般黏土地、涝洼地翻后易恢复紧实，保持年限较短；疏松的砂壤土保持年限则长。据报道，地下水位低，排水好，翻后第2年即可显示出深翻效果，多年后效果尚较明显；排水不良的土壤保持深翻效果的年限较短。

深翻应结合施肥，灌溉同时进行。深翻后的土壤，须按土层状况加以处理，通常维持原来的层次不变，就地耕松后掺和有机肥，再将心土放在下部，表土放在表层。有时为了促使心土迅速熟化，也可将较肥沃的表土放置沟底，而将心土覆在上面，但应根据绿化种植的具体情况从事，以免引起不良反应。

2. 客土栽培

园林树木有时必须实行客土栽培，主要在以下情况下进行。

① 树种需要有一定酸度的土壤，而本地土质不合要求，最突出的例子是在北方种酸性土植物，如栀子、杜鹃花、山茶、八仙花等，应将局部地区的土壤全换成酸性土。至少也要加大种植坑，放入山泥、泥炭土、腐叶土等，并混拌有机肥料，以符合酸性树种的要求。

② 栽植地段的土壤根本不适宜园林树木生长的如坚土、重黏土、砂砾土及被有毒的工业废水污染的土壤等，或在清除建筑垃圾后仍然板结，土质不良，这时亦应酌量增大栽植面，全部或部分换入肥沃的土壤。

3. 培土（雍土、压土与掺沙）

这种改良的方法，在我国南北各地区普遍采用。具有增厚土层，保护根系，增加营养，改良土壤结构等作用。在我国南方高温多雨地区，由于降雨多、土壤淋洗流失严重，多把树种种在墩上，以后还大量培土。在土层薄的地区也可采用培土的措施，以促进树木健壮生长。

压土掺沙的时期，北方寒冷地区一般在晚秋初冬进行，可起保温防冻、积雪保墒的作用。压土掺沙后，土壤熟化、沉实，有利树木的生长。

压土厚度要适宜，过薄起不到压土作用，过厚对树木生育不利，"砂压黏"或"黏压砂"时要薄一些，一般厚度为5～10cm；压半风化石块可厚些，但不要超过15cm。连续多年压土，土层过厚会抑制树木根系呼吸，从而影响树木生长和发育，造成根颈腐烂，树势衰弱。所以，一般压土时，为了防止接穗生根或对根系的不良影响，亦可适当扒土露出根颈。

4. 其他土壤管理措施

土壤管理包括松土透气、控制杂草及地面覆盖等工作，本书只介绍下面两种管理措施：

① 松土透气、控制杂草。可以切断土壤表层的毛细管，减少土壤蒸发，防止土壤泛碱，改良土壤通气状况，促进土壤微生物活动，有利于难溶养分的分解，提高土壤肥力。同时除去杂草，可减少水分、养分的消耗。并可使游人踏紧的园土恢复疏松，改进通气和水分状态。早春松土，还可提高土温，有利于树木根系生长和土壤微生物的活动，清除杂草又可增进风景效果，减少病虫害，做到清洁美观。

松土、除草应在天气晴朗时，或者初晴之后，要选土壤不过干又不过湿时进行，才可获得最大的保墒效果。松土、除草时不可碰伤树皮，生长在地表的树木浅根，则可适当削断，杭州园林局规定市区级主干道的行道树，每年松土、除草应不少于4次，市郊每年不少于2次，对新栽2～3年生的风景林木，每年应该松土除草2～3次。松土深度，大苗6～9cm，小苗3cm。

松土、除草对园林花木生长有密切关系，花农对此有丰富的经验。如山东菏泽牡丹花农每年解冻后至开花前松土2～3次，开花后至白露止松土6～8次。总之，见草就除，除草随即松土，每次雨后要松土1次，当地花农认为松土有"地湿锄干，地干锄湿"之效。又认为在头伏、二伏、三伏中锄地2次，其效果不亚于上草粪1次。对于人流密集地方的树木每年应松土1～2次，以疏松土壤，改善土壤通气状况。

人工清除杂草，劳力花费太多又非常劳累。因此，化学除莠剂的应用广受重视。目前较常应用的几种除草剂有扑草净（Prometryne）、西马津（Simazine）、阿特拉津（Atrazine），茅枯草（Dalapon）和除草醚（Nitrofen）等。

② 地面覆盖与地被植物。利用有机物或活的植物体覆盖土面，可以防止或减少水分蒸发，减少地面径流，增加土壤有机质。调节土壤温度，减少杂草生长，为树木生长创造良好的环境条件。若在生长季进行覆盖，以后把覆盖的有机物随即翻入土中，还可增加土壤有机质改善土壤结构，提高土壤肥力。覆盖的材料以就地取材，经济适用为原则，如水草、谷草、豆秸、树叶、树皮、锯屑、马粪、泥炭等均可应用。在大面积粗放管理的园林中还可将草坪上或树旁刈割下来的草头随手堆于树盘附近，用以进行覆盖。一般对于幼龄的园林树木或草地疏林的树木，多仅在树盘下进行覆盖，覆盖的厚度通常以3～6cm为宜，鲜草5～6cm，过厚会有不利的影响，一般均在生长季节土温较高而较干旱时进行土壤覆盖。杭州历年进行树盘覆盖的结果证明，这样做可较对照树延迟20d抗旱。

地被植物可以是紧伏地面的多年生植物，也可以是一、二年生的较高大的绿肥作物，如饭豆、绿豆、黑豆、苜蓿、苕子、猪屎豆、紫云英、豌豆、蚕豆、草木樨、羽扇豆等。前者除覆盖作用之外，还可以减免尘土飞扬，增加园景美观，又可占据地面，竞争掉杂草，降低园林树木养护的工本，后者除覆盖作用之外，还可在开花期翻入土内，收到施肥的效用。对地被植物的要求是适应性强，有一定的耐阴力，覆盖作用好，繁殖容易，与杂草竞争的能力强，但与树木矛盾不大。同时还要有一定的观赏或经济价值。常用的地被草本有铃兰、石竹类、勿忘草、百里香、萱草、二月兰、酢浆草、鸢尾类、麦冬类、丛生福禄考、留兰香、玉簪类、吉祥草、蛇莓、石碱花、沿阶草等。木本有地锦类、金银花、木通、扶芳藤、常春藤类、络石、菲白竹、倭竹、葛藤、裂叶金丝桃、偃柏、爬地柏、金老梅、野葡萄、山葡萄、蛇葡萄、凌霄类等。

第二节　树木的施肥

一、树木的施肥

根据园林树木生物学特性和栽培的要求与条件，其施肥的特点是：第一，园林树木是多年生植物，长期生长在同一地点，从肥料种类来说应以有机肥为主，同时适当施用化学肥料，施肥方式以基肥为主，基肥与追肥兼施。其次，园林树木种类繁多，作用不一，观赏、防护或经济效用互不相同。因此，就反映在施肥种类、用量和方法等方面的差异。在这方面各地经验颇多，需要系统的分析与总结。从前文得知，园林树木生长地的环境条件是很悬殊的，有荒山，荒地，又有平原肥土，还有水边低湿地及建筑周围等，这样更增加了施肥的困难，应根据栽培环境特点采用不同的施肥方式。同时，园林中对树木施肥时必须注意园容的美观，避免发生恶臭有碍游人的活动，应做到施肥后随即覆土。

1. 施肥时应注意的事项

① 掌握树木在不同物候期内需肥的特性。树木在不同物候期需要的营养元素是不同的。在充足的水分条件下，新梢的生长很大程度取决于氮的供应，其需氮量是从生长初期到生长盛期逐渐提高。随着新梢生长的结束，植物的需氮量尽管有很大程度的降低，但蛋白质的合成仍在进行。树干的加粗生长一直延续到秋季。并且，植物还在迅速地积累对次春新梢生长和开花有着重要作用的蛋白质以及其他营养物质。所以，树木在整个生长期都需要氮肥，但需求量有所不同。

在新梢缓慢生长期，除需要氮、磷外，也还需要一定数量的钾肥。在此时期内树木的营养器官除进行较弱的生长外，主要是在植物体内进行营养物质的积累。叶片加速老化，为了使这些老叶还能维持较高的光合能力，并使植物及时停止生长和提高抗寒力，此期间除需要氮、磷外，充分供应钾肥是非常必要的。在保证氮、钾供应的情况下，多施磷肥可以促使芽迅速通过各个生长阶段有利于分化成花芽。

开花、坐果和果实发育时期，植物对各种营养元素的需要都特别迫切，而钾肥的作用更为重要。在结果的当年，钾肥能加强植物的生长和促进花芽分化。

树木在春季和夏初需肥多，但在此时期内由于土壤微生物的活动能力较弱，土壤内可供吸收的养分恰处在较少的时期。解决树木在此时期对养分的高度需要和土壤中可给养分含量较低之间的矛盾，是土壤管理和施肥的任务之一。

树木生长的后期，对氮和水分的需要一般很少，但在此时，土壤所供吸收的氮及土壤水分却很高，所以，此时应控制灌水和施肥。

据河北农业大学对苹果、枣、桃等树木用 P^{32} 记观测表明：养分首先满足生命活动最旺盛的器官，即养分有其分配中心，随着物候期的进展，分配中心也随之转移，如"金冠"苹果，在萌芽期，芽中 P^{32} 量多，开花期花中最多，坐果期果实中最多，花芽分化期以花芽中最多。陕西果树研究所的研究表明，如养分分配中心以开花坐果为中心时，如追肥量超过一般生产水平，可提高坐果率，若错过这一时期即使少量施肥，也可促进营养生长，往往加剧生理落果。

树木需肥期因树种而不同，如柑橘类几乎全年都能吸收氮素，但吸收高峰在温度较高的仲夏；磷素主要在枝梢和根系生长旺盛的高温季节吸收，冬季显著减少；钾的吸收主要在 5～11 月间。而栗树从发芽即开始吸收氮素，在新梢停止生长后，果实肥大期吸收最多；磷素在开花后至 9 月下旬吸收量较稳定，11 月以后几乎停止吸收；钾在花前很少吸收，开花后（6 月间）迅速增加，果实肥大期达吸收高峰，10 月以后急剧减少。可见，施用三要素的时期也要因树种而异。了解树木在不同物候期对各种营养元素的需要，对控制树木生长与发育和制定行之有效的施肥方法非常重要。

② 掌握树木吸肥与外界环境的关系。树木吸肥不仅决定于植物的生物学特性，还受外界环境条件（光、热、气、水、土壤反应、土壤溶液的浓度）的影响。光照充足，温度适宜，光合作用强，根系吸肥量就多；如果光合作用减弱，由叶输导到根系的合成物质减少了，则树木从土壤中吸收营养元素的速度也变慢。而当土壤通气不良时或温度不适宜时，同样也会发生类似的现象。

土壤水分含量与发挥肥效有密切关系，土壤水分亏缺，施肥有害无利。由于肥分浓度过高，树木不能吸收利用，而遭毒害。积水或多雨地区肥分易淋失，降低肥料利用率。因此，施肥应根据当地土壤水分变化规律或结合灌水施肥。

土壤的酸碱度对植物吸肥的影响较大。在酸性反应的条件下，有利于阴离子的吸收；而碱性反应的条件下，有利于阳离子的吸收。在酸性反应的条件下，有利于硝态氮的吸收；而中性或微碱性反应，则有利于铵态氮的吸收，即在 pH=7 时，有利于 NH_4^+ 的吸收；pH=5～6 时，有利于 NO_3^- 的吸收。

土壤的酸碱反应除了对吸肥有直接的作用外，还能影响某些物质的溶解度（如在酸性条件下，提高磷酸钙和磷酸镁的溶解度。在碱性条件下，降低铁、硼和铝等化合物的溶解度），因而也间接地影响植物对营养物质的吸收。

③ 掌握肥料的性质。肥料的性质不同，施肥的时期也不同，易流失和易挥发的速效性或施后易被土壤固定的肥料，如碳酸氢铵，过磷酸钙等宜在树木需肥前施入；迟效性肥料如有机肥料，因需腐烂分解矿质化后才能被树木吸收利用，故应提前施用。同一肥料因施用时期不同而效果不一样，如据北京农业大学园艺系 1977 年报道，同量的硫酸铵秋施较春施开花百分率高，干径增加量大，1 年生枝含氮率也高。因此，肥料应在经济效果最高时期施用。根据山东莱阳农校报道（1972）：前期追氮肥，苹果着色好而鲜艳，蜡质多。施肥时期越晚，果实着色差，果皮蜡质少，并与上述结果相反。因为施氮肥较晚，促进营养生长，使养分不能积累所致。关于氮肥的施用时期在什么时候才合适，文献报道也各不相同，有矛盾的地方。因此决定氮肥施用时期，应结合树木营养状况，吸肥特点，土壤供肥情况以及气候条件等综合考虑，才能收到较好的效果。

2. 基肥的施用时期

在生产上，施肥时期一般分基肥和追肥。基肥施用时期要早，追肥要巧。

树木早春萌芽、开花和生长，主要是消耗树体贮存的养分。树体贮存的养分丰富，可提高开花质量和坐果率，有利枝条健壮生长，叶茂花繁、增加观赏效果。树木落叶前，是积累有机养分的时期，这时根系吸收强度虽小，但是时间较长，地上部制造的有机养分以贮藏为主，为了提高树体的营养水平，北方一些省份，多在秋分前后施入基肥，但时间宜早不宜晚，尤其是对观花、观果及从南方引入的树种，更应早施，施得过迟，使树木生长不能及时停止，降低树木的越冬能力。

基肥是在较长时期内供给树木养分的基本肥料，所以宜施迟效性有机肥料，如腐殖酸类肥料、堆肥、厩肥、圈肥、鱼肥、血肥以及作物秸秆、树枝、落叶等，使其逐渐分解，供树木较长时间吸收利用大量元素和微量元素。

基肥分秋施和春施，秋施基肥正值根系秋季生长高峰，伤根容易愈合，并可发出新根。结合施基肥，如能再施入部分速效性化肥，以增加树体积累，提高细胞液浓度，从而增强树木的越冬性，并为次年生长和发育打好物质基础。增施有机肥可提高土壤孔隙度，使土壤疏松，有利于土壤积雪保墒。防止冬春土壤干旱，并可提高地温，减少根际冻害。秋施基肥，有机质腐烂分解的时间较充分，可提高矿质化程度，次春可及时供给树木吸收和利用，促进根系生长。

春施基肥，因有机物没有充分分解，肥效发挥较慢，早春不能及时供给根系吸收，到生长后期肥效发挥作用，往往会造成新梢二次生长，对树木生长发育不利。特别是对某些观花观果类树木的花芽分化及果实发育不利。

3. 追肥的施用时期

追肥又叫补肥。根据树木一年中各物候期需肥特点及时追肥，以调解树木生长和发育的矛盾。追肥的施用时期，在生产上分前期追肥和后期追肥。前期追肥又分为开花前追肥，落花后追肥，花芽分化期追肥。具体追肥时期，则与地区，树种、品种及树龄等有关，要依据各物候期特点进行追肥。对观花、观果树木而言花后追肥与花芽分化期追肥比较重要，尤以落花后追肥更为重要，而对于牡丹等开花较晚的花木，这两次肥可合为一次。同时，花前追肥和后期追肥常与基肥施用相隔较近，条件不允许时则可以省去。牡丹花前必须保证施1次追肥。因此，对于一般初栽2～3年内的花木、庭阴树、行道树及风景树等，每年在生长期进行1～2次追肥，实为必要，至于具体时期，则须视情况合理安排，灵活掌握。

二、肥料的用量

施肥量受树种、土壤的肥瘠、肥料的种类以及各个物候期需肥情况等多方面的影响。因此，很难确定统一的施肥量。以下几点原则，可供决定施肥量的参考。

1. 根据不同树种而异

树种不同，对养分的要求也不一样，如梓树、茉莉、梧桐、梅花、桂花、牡丹等树种喜肥沃土壤；沙棘、刺槐、悬铃木、油松、臭椿、山杏等则耐瘠薄的土壤。开花结果多的大树应较开花、结果少的小树多施肥，树势衰弱的也应多施肥；不同的树种施用的肥料种类也不同，如果树以及木本油料树种应增施磷肥；酸性花木如杜鹃花、山茶、栀子、八仙花等，应施酸性肥料，绝不能施石灰、草木灰等；幼龄针叶树不宜施用化肥。

施肥量过多或不足，对树木生长发育均有不良影响。据辽宁农科所报道（1971）：树木吸肥量在一定范围内随施肥量的增加而增加；超过一定范围，施肥量增加而吸收量下降。21年生"国光"

苹果树以株施0.35kg氮素的吸收量最大，而株施0.6kg以上的则与株施0.25kg的相差很少，不如0.35kg吸收多，这说明施肥量过多，树木不能吸收。施肥量既要符合树体要求，又要以经济用肥为原则。

2. 根据对叶片的分析而定施肥量

树叶所含的营养元素量可反映树体的营养状况，所以近20年来，广泛应用叶片分析法来确定树木的施肥量。用此法不仅能查出肉眼见得到的症状，还能分析出多种营养元素的不足或过剩，以及能分辨两种不同元素引起的相似症状，而且能在病症出现前及早测知。

此外，进行土壤分析对于确定施肥量的依据更为科学和可靠。

施肥量的计算：随着电子技术的发展，目前果树上用下面的公式精确地计算施肥量，但在计算前先要测定出树木各器官每年从土壤中吸收各营养元素量，减去土壤中能供给量，同时要考虑肥料的损失。

$$施肥量 = \frac{果树吸收元素量 - 土壤供给量}{肥料利用率}$$

这在过去是办不到的，现在利用普通计算机和电子仪器等，可很快测出很多精确数据，使施肥量的理论计算成为现实，但目前在园林中还没有应用。

三、施肥的方法

1. 土壤施肥

施肥效果与施肥方法有密切关系，而土壤施肥方法要与树木的根系分布特点相适应。把肥料施在距根系集中分布层稍深、稍远的地方，以利于根系向纵深扩展，形成强大的根系，扩大吸收面积，提高吸收能力。

具体施肥的深度和范围与树种、树龄、砧木、土壤和肥料性质有关。如油松、胡桃、银杏等树木根系强大，分布较深远，施肥宜深，范围也要大一些；根系浅的悬铃木、刺槐及矮化砧木施肥应较浅；幼树根系浅，根分布范围也小，一般施肥范围较小而浅；并随树龄增大，施肥时要逐年加深和扩大施肥范围，以满足树木根系不断扩大的需要。沙地、坡地岩石缝易造成养分流失，施基肥要深些，追肥应在树木需肥的关键时期及时施入，每次少施，适当增加次数，既可满足树木的需要，又减少了肥料的流失，各种肥料元素在土壤中移动的情况不同，施肥深度也不一样，如氮肥在土壤中的移动性较强，浅施也可渗透到根系分布层内，被树木吸收；钾肥的移动性较差，磷肥的移动性更差，所以，宜深施至根系分布最多处。同时，由于磷在土壤中易被固定，为了充分发挥肥效，施过磷酸钙或骨粉时，应与圈肥、厩肥、人粪尿等混合堆积腐熟，然后施用，效果较好。基肥因发挥肥效较慢应深施，追肥效较快，则宜浅施，供树木及时吸收。

具体施肥方法有环状施肥，放射沟施肥，条沟状施肥，穴施、撒施、水施等。

2. 根外追肥

根外追肥也叫叶面喷肥，我国各地早已广泛采用，并积累了不少经验。近年来由于喷灌机械的发展，大大促进了叶面喷肥技术的广泛应用。

叶面喷肥，简单易行，用肥量小，发挥作用快，可及时满足树木的急需，并可避免某些肥料元素在土壤中的化学和生物的固定作用。尤以在缺水季节或缺水地区以及不便施肥的地方，均可采用此法。但叶面喷肥并不能代替土壤施肥。据报道，叶面喷氮素后，仅叶片中的含氮量增加，其他器官的含量变化较小，这说明叶面喷氮在转移上还有一定的局限性。而土壤施肥的肥效持续期长，根系吸收后，可将肥料元素分送到各个器官，促进整体生长；同时，向土壤中施有机肥后，又可改良土壤，改善根系环境，有利于根系生长。但是土壤施肥见效慢，所以，土壤施肥和叶面喷肥各具特点，可以互补不足，如能运用得当，可发挥肥料的最大效用。

叶面喷肥主要是通过叶片上的气孔和角质层进入叶片，而后运送到树体内和各个器官。一般喷后15min到2h即可被叶片吸收利用。但吸收强度和速度则与叶龄、肥料成分，溶液浓度等有关。由于幼叶生理机能旺盛，气孔所占面积较老叶大，因此较老叶吸收快。叶背较叶面气孔多，且叶背表皮下具有较松散的海绵组织，细胞间隙大而多，有利于渗透和吸收。因此，一般幼叶较老叶，叶背较叶面吸水快，吸收率也高。所以在实际喷布时一定要把叶背喷匀、喷到。使之有利于吸收。

同一元素的不同化合物，进入叶内的速度不同。如硝态氮在喷后15min可进入叶内而铵态氮则需2h；硝酸钾经1h进入叶内，而氯化钾只需30min；硫酸镁要30min，氯化镁只需15min。溶液的酸碱度也可影响渗入速度，如碱性溶液的钾渗入速度较酸性溶液中的钾渗入速度快。此外，溶液浓度浓缩的快慢，气温、湿度、风速和植物体内的含水状况等条件都与喷施的效果有关。可见，叶面喷肥必须掌握吸收的内外因素，才能充分发挥叶面喷肥的效果。一般喷前先作小型试验，然后再大面积喷布。喷布时间最好在上午10时以前和下午4时以后，以免气温高，溶液很快浓缩，影响喷肥效果或导致药害。

第三节 树木的灌水与排水

一、树木灌水与排水的原则

1. 不同气候和不同时期对灌水和排水能要求有所不同

北京为例，4~6月是干旱季节，雨水较少，也是树木发育的旺盛时期，需水量较大。在这个时期一般都需要灌水，灌水次数应根据树种和气候条件决定。如月季、牡丹等名贵花木在此期只要见土干就应灌水，而对于其他花灌木则可以粗放些，对于大的乔木在此时就应根据条件决定，总的来说，这个时期是由冬春干旱转入少雨时期，树木又是从开始生长逐渐加快达到最旺盛，所以土壤应保持湿润。在江南地区因有梅雨季节，在此期不宜多灌水。对于某些花灌木如梅花、碧桃等于6月底以后形成花芽，所以在6月应短时间扣水，借以促进花芽的形成。

7~8月为北京地区的雨季，本期降水较多，空气湿度大，故不需要多灌水，遇雨水过多时还应注意排水，但在遇大旱之年，在此期也应灌水。

9~10月是北京的秋季，在秋季应该使树木组织生长更充实，充分木质化，增强抗性，准备越冬。因此在一般情况下，不应再灌水，以免引起徒长。但如过于干旱，也可适量灌水。特别是对新栽的苗木和名贵树种及重点布置区的树木，以避免树木因为过于缺水而萎蔫。

11~12月树木已经停止生长，为了使树木很好越冬，不会因为冬春干旱而受害，所以于此期在北京应灌封冻水，特别是在华北地区越冬尚有一定困难的边缘树种，一定要灌封冻水。

地区不同，气候也不同，则灌水也不同，如在华北灌冻水宜在土地将封冻前，但不可太早，因为9~10月灌大水会影响枝条成熟，不利于安全越冬。但在江南，9~10月常有秋旱，故在当地为安全越冬起见，在此时亦应灌水。

2．树种不同、栽植年限不同、则灌水和排水的要求也不同

园林树木是园林绿化的主体，数量大，种类多，加上目前园林机械化水平不高，人力不足，全面普遍灌水是不容易做到的。因此应区别对待，例如观花树种，特别是花灌木的灌水量和灌水次数均比一般的树种要多。对于樟子松、锦鸡儿等耐干旱的树种，则灌水量和次数均少，有很多地方因为水源不足，劳力不够，则不灌水。而对于水曲柳、枫杨、垂柳、赤杨、水松、水杉等喜欢湿润土壤的树种，则应注意灌水。

应该了解耐干旱的不一定常干，喜湿者也不一定常湿，应根据四季气候不同，注意经常相应变更。对于不同树种相反方面的抗性情况也应掌握，如最抗旱的紫穗槐，其耐水力也是很强。而刺槐同样耐旱，但却不耐水湿。总之，应根据树种的习性而浇水。

不同栽植年限灌水次数也不同。

刚刚栽种的树一定要灌3次水，方可保证成活。新栽乔木需要连续灌水3～5年（灌木最少5年），土质不好的地方或树木因缺水而生长不良以及干旱年份，均应延长灌水年限，直到树木扎根较深后，不灌水也能正常生长时为止。对于新栽常绿树，尤其常绿阔叶树，常常在早晨向树上喷水，有利于树木成活。对于一般定植多年，正常生长开花的树木，除非遇上大旱，树木表现迫切需水时才灌水，一般情况则根据条件而定。

此外，树木是否缺水，需要不需要灌水，比较科学的方法是进行土壤含水量的测定，但目前这种方法我们国家还没有普遍应用，很多园艺工人凭多年的经验：例如早晨看树叶上翘或下垂，中午看叶片萎蔫与否及其程度轻重，傍晚看恢复的快慢等。还可以看树木生长状况，例如，是否徒长或新梢极短，叶色、大小与厚薄等。花农对落叶现象有这样的经验，认为落青叶是由于水分过少，落黄叶则由于水分过多。栽培露地树木时也可参考。名贵树木略现萎蔫或叶尖焦干时，即应灌水并对树冠喷水，否则即将产生旱害，如紫红鸡爪槭（红枫）、红叶鸡爪槭（羽毛枫）、牡鹃等；有的虽遇干旱即现萎蔫，但长时不下雨，也不至于死亡；又如丁香类及腊梅等，在灌水条件差时，亦可以延期灌溉。

从排水角度来看，也要根据树木的生态习性，忍耐水涝的能力决定，如玉兰、梅花、梧桐在北方均为名贵树种中耐水力最弱的，若遇水涝淹没地表，必须尽快排出积水，否则不过3～5d即可死亡。

对于桎柳、榔榆、垂柳、旱柳、紫穗槐等均系能耐3个月以上深水淹浸，是耐水力最强的树种，即使被淹，短时期内不排水问题不大。

3．根据不同的土壤情况进行灌水和排水

灌水和排水除应根据气候、树种外，还应根据土壤种类、质地、结构以及肥力等而灌水。盐碱地，就要"明水大浇""灌耪结合"，（即灌水与中耕松土相结合），最好用河水灌溉。对砂地种的树木灌水时，因砂土容易漏水，保水力差，灌水次数应当增加，应小水勤浇，并施有机肥增加保水保肥性。低洼地也要小水勤浇，注意不要积水，并应注意排水防碱。较黏重的土壤保水力强，灌水次数和灌水量应当减少，并施入有机肥和河沙，增加通透性。

4．灌水应与施肥、土壤管理等相结合

在全年的栽培养护工作中，灌水应与其他技术措施密切结合，以便在互相影响下更好地发挥每个措施的积极作用。例如，灌溉与施肥，做到"水肥结合"这是十分重要的。特别是施化肥的前

后，应该浇透水，既可避免肥力过大、过猛，影响根系吸收遭毒害，又可满足树木对水分的正常要求。河南鄢陵花农用的"矾肥水"就是水肥结合的措施，并有防治缺绿病和地下虫害之效。

此外，灌水应与中耕除草、培土、覆盖等土壤管理措施相结合。因为灌水和保墒是一个问题的两个方面，保墒做得好可以减少土壤水分的消耗，满足树木对水分的要求并减少经常灌水之烦。如山东菏泽花农栽培牡丹时就非常注意中耕，并有"湿地锄干，干地锄湿"和"春锄深一犁，夏锄刮破皮"等经验。当地常遇春旱和夏涝，但因花农加强了土壤管理，勤于锄地保墒，从而保证了牡丹的正常生长发育，减少了旱涝灾害与其他不良影响。

二、树木的灌水

1. 灌水的时期

灌水时期由树木在一年中各个物候期对水分的要求，气候特点和土壤水分的变化规律等决定，除定植时要浇大量的定根水外，大体上可以分为休眠期灌水和生长期灌水两种：

① 休眠期灌水。在秋冬和早春进行。我国的东北，西北、华北等地降水量较少，冬春又严寒干旱，因此休眠期灌水非常必要。秋末或冬初的灌水（北京为11月上、中旬）一般称为灌冻水或封冻水。冬季结冻，放出潜热有提高树木越冬能力，并可防止早春干旱，故在北方地区，这次灌水是不可缺少的；对于边缘树种，越冬困难的树种，以及幼年树木等，浇冻水更为必要。

早春灌水，不但有利于新梢和叶片的生长，而且有利于开花与坐果，早春灌水促使树木健壮生长，是花繁果茂的一个关键。

② 生长期灌水。可分为花前灌水，花后灌水，花芽分化期灌水。

花前灌水：在北方一些地区容易出现早春干旱和风多雨少的现象，及时灌水补充土壤水分的不足，是解决树木萌芽、开花、新梢生长和提高坐果率的有效措施。同时还可以防止春寒、晚霜的危害。盐碱地区早春灌水后进行中耕，还可以起到压碱的作用。花前水可在萌芽后结合花前追肥进行。花前水的具体时间，要因地，因树种而异。

花后灌水：多数树木在花谢后半个月左右是新梢迅速生长期，如果水分不足，则抑制新梢生长。果树此时如缺少水分则易引起大量落果。尤其北方各地春天风多，地面蒸发量大，适当灌水以保持土壤适宜的湿度。前期可促进新梢和叶片生长，增强光合作用，提高坐果率和增大果实，同时，对后期的花芽分化有一定的良好作用。没有灌水条件的地区，也应积极做好保墒措施，如盖草、盖沙等。

花芽分化期灌水：此次水对观花、观果树木非常重要，因为树木一般是在新梢生长缓慢或停止生长时，花芽开始形态分化。此时也是果实迅速生长期，都需要较多的水分和养分，若水分不足，则影响果实生长和花芽分化。因此，在新梢停止生长前及时而适量的灌水，可促进春梢生长而抑制秋梢生长，有利于花芽分化及果实发育。

在北京一般年份，全年灌水6次，应安排在3、4、5、6、9、11月各一次。干旱年份和土质不好或因缺水生长不良者，应增加灌水次数。在西北干旱地区，灌水次数应更多一些。

2. 灌水量

灌水量同样受多方面因素影响，不同树种、品种、砧木以及不同的土质，不同的气候条件，不同的植株大小，不同的生长状况等，都与灌水量有关。在有条件灌溉时，即灌饱灌足，切忌表土打湿而底土仍然干燥。一般已达花龄的乔木，大多应浇水令其渗透到80～100cm深处。适宜的灌水量一般以达到土壤最大持水量的60%～80%为标准。

目前果园根据不同土壤的持水量，灌溉前的土壤湿度、土壤容重，要求土壤浸湿的深度，计算出一定面积的灌水量，即：

灌水量＝灌溉面积×土壤浸湿深度×土壤容重×（田间持水量－灌溉前土壤湿度）

灌溉前的土壤湿度，每次灌水前均应测定，田间持水量、土壤容重、土壤浸湿深度等项，可数年测定1次。

在应用此公式计算出的灌水量，还可根据树种、品种、不同生命周期、物候期，以及日照、温度、风、干旱持续的长短等因素，进行调整，酌增酌减，以更符合实际需要。这一方法在园林中可以借鉴。如果在树木生长地安置张力计，则不必计算灌水量，灌水量和灌水时间均可由真空计器的读数表示出来。

3. 灌水的方法和方式

正确的灌水方式，可使水分均匀分布，节约用水，减少土壤冲刷，保持土壤的良好结构，并充分发挥水效。常用的方式有下列几种：

① 人工浇水。在山区及离水源过远处，人工挑水浇灌虽然费工多而效率低，但仍很必要。浇水前应松土，并做好水穴（堰），深15～30cm，大小视树龄而定，以便灌水。有大量树木要灌溉时，应根据需水程度的多少依次进行，不可遗漏。

② 地面灌水。这是效率较高的常用方式，可利用河水、井水、塘水等。可灌溉大面积树木，又分畦灌、沟灌、漫灌等。畦灌时先在树盘外做好畦埂，灌水应使水面与畦埂相齐。待水渗入后及时中耕松土。这个方式普遍应用，能保持土壤的良好结构，沟灌是用高畦低沟的方式，引水沿沟底流动浸润土壤，待水分充分渗入周围土壤后，不致破坏其结构，并且方便实行机械化，漫灌是大面积的表面灌水方式，因用水极不经济，很少采用。

③ 地下灌水。是利用埋设在地下多孔的管道输水，水从管道的孔眼中渗出，浸润管道周围的土壤，用此法灌水不致流失或引起土壤板结，便于耕作，较地面灌水优越，节约用水。但要求设备条件较高，在碱土中须注意避免泛碱。在有些国家中有安装滴灌设备进行滴灌的，可以大大节约用水量。

④ 空中灌水。包括人工降雨及对树冠喷水等，又称喷灌。人工降雨是灌溉机械化中比较先进的一种技术，但需要人工降雨机及输水管等全套设备，目前我国正在应用和改进阶段。这种灌水有以下优点。

a. 喷灌基本上不产生深层渗漏和地表径流，因此可节约用水，一般可节约用水20%以上，对渗漏性强，保水性差的沙土，可节省用水60%～70%。

b. 减少对土壤结构的破坏，可保持原有土壤的疏松状态。

c. 调节公园及绿化区的小气候，减免低温、高温、干风对树木的危害，使对植物产生最适宜的生理作用，从而提高树木的绿化效果。

d. 节省劳力，工作效率高。便于田间机械作业的进行，为施化肥，喷农药和喷除草剂等创造条件。

e. 对土地平整的要求不高，地形复杂的山地亦可采用。

f. 喷灌可以使果实着色好，因为喷灌可以降低气温。

喷灌也有以下的缺点：

g. 有可能加重树木感染白粉病和其他真菌病害。

h. 在有风的情况下，喷灌难做到灌水均匀。在3～4级风力下，喷灌用水因地面流失和蒸发损失可达10%～40%。喷灌设备价格高，增加投资。

⑤ 滴灌。这是最能节约水量的办法，但需要一定的设备投资。

三、树木的排水

排水是防涝保树的主要措施。土壤水分过多，氧气不足，抑制根系呼吸，减退吸收机能，缺氧严重时，根系进行无氧呼吸，容易积累乙醇使蛋白质凝固，引起根系死亡。特别是对于耐水力差的树种，更应该抓紧时间及时排水。

排水的方法主要有以下几种。

1. 明沟排水

在国内及树旁纵横开浅沟，内外联通，以排积水。这是园林中一般采用的排水方法。此方法的关键在于做好全园排水系统，使多余的水有个总出口。

2. 暗管沟排水

在地下设暗管或用砖石砌沟，借以排除积水，此优点是不占地面，但设备费用较高，一般较少应用。

3. 地面排水

目前大部分绿地是采用地面排水至道路边沟的办法。这是最经济的办法，但需要设计者精心的安排。

第四节　极端气候下的树木养护

一、冻害

冻害主要指树木因受低温的伤害而使细胞和组织受伤，甚至死亡的现象。

1. 造成冻害的有关因素

影响树木冻害发生的因素很复杂，从内因来说，与树种、品种、树龄、生长势及当年枝条的成熟及休眠与否均有密切关系；从外因来说是与气象、地势、坡向、水体、土壤、栽培管理等因素分不开的。因此当发生冻害时，应多方面分析，找出主要矛盾，提出解决办法。

① 抗冻性与树种、品种的关系。不同的树种或不同的品种，其抗冻能力不一样。如樟子松比油松抗冻，油松比马尾松抗冻。同是梨属秋子梨比白梨和沙梨抗冻。又如原产长江流域的梅品种比广东的黄梅抗寒。

② 抗冻性与枝条内糖类变化动态的关系。黄国振副教授在研究梅花枝条中糖类变化动态与抗寒越冬力的关系时发现：在整个生长季节内，梅花与同属的北方抗寒树种杏及山桃一样，糖类主要以淀粉的形式存在。到生长期结束前，淀粉的积蓄达到最高，在枝条的环髓层及髓射线细胞内充满

着淀粉粒。到11月上旬末，原产长江流域的梅品种与杏、山桃一样，淀粉粒开始明显溶蚀分解，至1月杏及山桃枝条中淀粉粒完全分解，而梅花枝条内始终残存淀粉的痕迹，没有彻底分解。而广州黄梅在入冬后，始终未观察到淀粉分解的现象。可见，越冬时枝条中淀粉转化的速度和程度与树种的抗寒越冬能力密切相关。从淀粉的转化表明，长江流域梅品种的抗寒力虽不及杏、山桃，但具有一定的抗寒生理功能基础；而广州黄梅则完全不具备这种内在条件。同时还观察到梅花枝条皮部的氮素代谢动态与越冬力关系非常密切。越冬力较强的"单瓣玉蝶"比无越冬能力的广州黄梅有较高的含氮水平，特别是蛋白氮。

③ 与枝条成熟度的关系。枝条越成熟其抗冻力越强。枝条充分成熟的标志主要是：木质化的程度高，含水量减少，细胞液浓度增加，积累淀粉多。在降温来临之前，如果还不能停止生长而进行抗寒锻炼的树木，都容易遭受冻害。

④ 与枝条休眠的关系。冻害的发生和树木的休眠和抗寒锻炼有关，一般处在休眠状态的植株，抗寒力强，植株休眠越深，抗寒力越强。植物抗寒性的获得是在秋天和初冬期间逐渐发展起来的。这个过程称作"抗寒锻炼"，一般的植物通过抗寒锻炼才能获得抗寒性。到了春季，抗冻能力又逐渐趋于丧失，这一丧失过程称为"锻炼解除"。

树木的春季解除休眠的早晚与冻害发生有密切关系。解除休眠早的，受早春低温威胁较大；休眠解除较晚的，可以避开早春低温的威胁。因此，冻害的发生一般常常不在绝对温度最低的休眠期，而常在秋末或春初时发生。所以说，越冬性不仅表现在对于低温的抵抗能力，而且表现在休眠期和解除休眠期后，对于综合环境条件的适应能力。

⑤ 低温来临的状况与冻害的发生有很大关系。当低温到来的时期早，又突然，植物本身未经抗寒锻炼，人们也没有采用防寒措施时，很容易发生冻害；日极端最低温度越低，植物受冻害就越大；低温持续的时间越长，植物受害越大；降温速度越快，植物受害越重。此外，树木受低温影响后，如果温度急剧回升，则比缓慢回升受害严重。

⑥ 与其他因素的关系

a. 地势、坡向不同，小气候差异大。如在江苏、浙江一带种在山南面的柑橘比种在同样条件下北面的柑橘受害重，因为山南面日夜温度变化较大，山北面日夜温差小。如江苏太湖东山的柑橘，每年山南面的橘子多少要发生冻害，而山北面的橘子则不发生冻害。在同样的条件下，土层浅的橘园比土层厚的橘园受害严重，因为土层厚，根扎深，根系发达，吸收的养分和水分多，植株健壮。

b. 水体对冻害的发生也有一定的影响。在同一个地区位于水源较近的橘园比离水远的橘园受害轻，因为水的热容量大，白天水体吸收大量热，到晚上周围空气温度比水温低时，水体又向外放出热量，因而使周围空气温度升高。前文介绍的江苏东山山北面的柑橘每年不发生冻害的另一个原因是山北面面临太湖。但是在1976年冬天，东山北面的柑橘比山南面的柑橘受害还重，这是因为山北面时太湖已结冰之故。

c. 栽培管理水平与冻害的发生有密切的关系。同一品种的实生苗比嫁接苗耐寒，因为实生苗根系发达，根深抗寒力强，同时实生苗可塑性强，适应性就强。砧木的耐寒性差异很大，桃树在北方以山桃为砧木，在南方以毛桃为砧木，因为山桃比毛桃抗寒。同一个品种结果多的比结果少的容易发生冻害，因为结果多消耗大量的养分，所以容易受冻。施肥不足的比肥料施的很足的抗寒力差，因为施肥不足，植株长得不充实，营养积累少，抗寒力就低。树木遭受病、虫为害时，容易发生冻害，而且病虫为害越严重，冻害也就越严重。

2．冻害的表现

① 芽。花芽是抗寒力较弱的器官，花芽冻害多发生在春季回暖时期，腋花芽较顶花芽的抗寒力强。花芽受冻后，内部变褐色，初期从表面上只看到芽鳞松散，不易鉴别，到后期则芽不萌发，干缩枯死。

② 枝条。枝条的冻害与其成熟度有关。成熟的枝条，在休眠期以形成层最抗寒，皮层次之，而木质部、髓部最不抗寒。所以随受冻程度加重，髓部、木质部先后变色，严重冻害时韧皮部才受伤，如果形成层变色则枝条失去了恢复能力。但在生长期则以形成层抗寒力最差。

幼树在秋季因雨水过多贪青徒长，枝条生长不充实，易加重冻害，特别是成熟不良的先端对严寒敏感，常首先发生冻害，轻者髓部变色，较重时枝条脱水干缩，严重时枝条可能冻死。

多年生枝条发生冻害，常表现树皮局部冻伤，受冻部分最初稍变色下陷，不易发现，如果用刀挑开，可发现皮部已变褐；以后，逐渐干枯死亡，皮部裂开和脱落，但是如果形成层未受冻，则可逐渐恢复。

③ 枝杈和基角。枝杈或主枝基角部分进入休眠较晚，位置比较隐蔽，输导组织发育不好，通过抗寒锻炼较迟，因此遇到低温或昼夜温差变化较大时，易引起冻害。

枝杈冻害有各种表现：有的受冻后皮层和形成层变褐色，而后干枝凹陷，有的树皮成块状冻坏，有的顺主干垂直冻裂形成劈枝。主枝与树干的基角愈小，枝杈基角冻害也越严重。这些表现依冻害的程度和树种、品种而有不同。

④ 主干。主干受冻后有的形成纵裂，一般称为"冻裂"现象，树皮成块状脱离木质部，或沿裂缝向外卷折。一般生长过旺的幼树主干易受冻害，这些伤口极易招致腐烂病。

形成冻裂的原因是由于气温突然急剧降到零下，树皮迅速冷却收缩，致使主干组织内外涨力不均，因而自外向内开裂，或树皮脱离木质部。树干"冻裂"常发生在夜间，随着气温的变暖，冻裂处又可逐渐愈合。

⑤ 根颈和根系。在一年中根颈停止生长最迟，进入休眠期最晚，而开始活动和解除休眠又较早，因此在温度骤然下降的情况下，根颈未能很好地通过抗寒锻炼，同时近地表处温度变化又剧烈，因而容易引起根颈的冻害。根颈受冻后，树皮先变色，以后干枯，可发生在局部，也可能成环状，根颈冻害对植株危害很大。

根系无休眠期，所以根系较其地上部分耐寒力差。但根系在越冬时活动力明显减弱，故耐寒力较生长期略强。根系受冻后变褐，皮部易与木质部分离。一般粗根较细根耐寒力强，近地面的粗根由于地温低，较下层根系易受冻，新栽的树或幼树因根系小又浅，易受冻害，而大树则相当抗寒。

3．冻害的防治

我国气候条件虽然比较优越，但是由于树木种类繁多，分布广，而且常常有寒流侵袭，因此，冻害的发生仍较普遍。冻害对树木威胁很大，严重时常将数十年生大树冻死。如1976年3月初昆明市低温将30～40年生的桉树冻死。树木局部受冻以后，常常引起溃疡性寄生菌寄生的病害，使树势大大衰弱，从而造成这类病害和冻害的恶性循环。如苹果腐烂病，柿园的柿斑病和角斑病等的发生，证明与冻害的发生有关。有些树木虽然抗寒力较强，但花期容易受冻害，在公园中影响观赏效果，因此，预防冻害对树木功能的发挥有重要的意义，同时，防冻害对于引种，丰富园林树种有很大意义。

在北京地区有些种类在栽植1~3年内需要采用防寒措施，如玉兰、雪松、樱花、竹类、水杉、梧桐、凌霄、红叶李、日本冷杉、迎春等；少数树种需要每年保护越冬，如北京园林中的葡萄、月季、牡丹、千头柏、翠柏等。

越冬防寒的措施有以下几种。

① 贯彻适地适树的原则。因地制宜地种植抗寒力强的树种、品种和砧木，在小气候条件比较好的地方种植边缘树种，这样可以大大减少越冬防寒的工作量，同时注意栽植防护林和设置风障，改善小气候条件，预防和减轻冻害。

② 加强栽培管理，提高抗寒性。加强栽培管理，尤其重视后期管理，有助于树体内营养物质的贮备。经验证明，春季加强肥水供应，合理运用排灌和施肥技术，可以促进新梢生长和叶片增大，提高光合效能，增加营养物质的积累，保证树体健壮。后期控制灌水，及时排涝，适量施用磷钾肥，勤锄深耕，可促使枝条及早结束生长，有利于组织充实，延长营养物质的积累时间，从而能更好地进行抗寒锻炼。

此外，夏季适期摘心，促进枝条成熟；冬季修剪减少冬季蒸腾面积；人工落叶等均对预防冻害有良好的效果。同时在整个生长期必须加强对病虫害的防治。

③ 加强树体保护，减少冻害。对树体保护方法很多，一般的树木采用浇冻水和灌春水防寒。为了保护容易受冻的种类，采用全株培土如月季、葡萄等；箍树；根颈培土（高30cm）；涂白；主干包草；搭风障；北面培月牙形土埂等。以上的防治措施应在冬季低温到来之前做好准备，以免低温来得早，造成冻害。最根本的办法还是引种驯化和育种工作。如梅花、乌桕等在北京均可露地栽培，而灰桉、白皮松、赤桉及大叶桉等已在武汉、长沙、杭州、合肥等露地生长多年，有的已开了花。

受冻后树木的护理极为重要，因为受冻树木受树脂状物质的淤塞，因而使根的吸收、输导、叶的蒸腾，光合作用以及植株的生长等均遭到破坏。为此，在恢复受冻树木的生长时应尽快地恢复输导系统，治愈伤口，缓和缺水现象，促进休眠芽萌发和叶片迅速增大。

受冻后恢复生长的树，一般均表现生长不良，因此首先要加强管理，保证前期的水肥供应，亦可以早期追肥和根外追肥，补给养分。

在树体管理上，对受冻害树体要晚剪和轻剪，给予枝条一定的恢复时期；对明显受冻枯死部分可及时剪除，以利伤口愈合。对于一时看不准受冻部位时，不要急于修剪，待春天发芽后再做决定；对受冻造成的伤口要及时治疗，应喷白涂剂预防日烧，并结合做好防治病虫害和保叶工作；对根颈受冻的树木要及时桥接或根寄接；树皮受冻后成块脱离木质部的要用钉子钉住或进行桥接补救。

二、干梢

有些地方称为灼条、烧条、抽条等。幼龄树木因越冬性不强而发生枝条脱水、皱缩、干枯现象，谓之干梢。干梢实际上是冻及脱水造成的，严重时全部枝条枯死，轻者虽能发枝，但易造成树形紊乱，不能更好地扩大树冠。

1. 干梢的原因

干梢与枝条的成熟度有关，枝条生长充实的抗性强，反之则易干梢。

造成干梢的原因有多种说法，但各地试验证明，幼树越冬后干梢是冻、旱造成的。即冬季气温低，尤以土温降低持续时间长，直到早春，因土温低致使根系吸水困难，而地上部则因温度较高且干燥多风，蒸腾作用加大，水分供应失调，因而枝条逐渐失水，表皮皱缩，严重时最后干枯，所以，抽条实际上是冬季的生理干旱，是冻害的结果。

2. 防止干梢的措施

主要是通过合理的肥水管理，促进枝条前期生长，防止后期徒长，充实枝条组织，增加其抗性，并注意防治病虫害。秋季新定植的不耐寒树尤其是幼龄树木，为了预防干梢，一般多采用埋土防寒，即把苗木地上部向北卧倒培土防寒，既可保温减少蒸腾又可防止干梢。但植株大则不易卧倒，因此也可在树干北侧培起60cm高的半月形的土垭，使南面充分接受阳光，改变微域气候条件，能提高土温。可缩短土壤冻结期，提早化冻，有利根部吸水，及时补充枝条失掉的水分。实践证明用培土垭的办法，可以防止或减轻幼树的干梢。如在树干周围撒布马粪，亦可增加土温，提前解冻，或于早春灌水，增加土壤温度和水分，均有利于防止或减轻干梢。

此外，在秋季对幼树枝干缠纸，缠塑料薄膜，或胶膜、喷白等，对防止浮尘子产卵干梢现象的发生具有一定的作用。其缺点是用工多、成本高，应根据当地具体条件灵活运用。

三、霜害

1. 霜冻为害的情况及特点

生长季里由于急剧降温，水气凝结成霜使幼嫩部分受冻称为霜害。

由于冬春季寒潮的反复侵袭，我国除台湾与海南的部分地区外，均会出现零摄氏度以下的低温。在早秋及晚春寒潮入侵时，常使气温骤然下降，形成霜害。一般说来，纬度越高，无霜期越短。在同一纬度上，我国西部大陆性气候明显，无霜期较东部短。小地形与无霜期有密切关系，一般坡地较洼地，南坡较北坡，近大水面的较无大水面的地区无霜期长，受霜冻威胁较轻。

霜冻严重地影响果树的观赏效果和果品产量，如1955年1月，由于强大的寒流侵袭，广东、福建南部平均气温比正常年份低3~4℃，绝对低温达-0.3~-4℃，连续几天重霜，使香蕉、龙眼、荔枝等多种树木均遭到严重损失，重者全株死亡，轻者则树势减弱，数年后才逐渐恢复。

在北方，晚霜较早霜具有更大的危害性。例如，从萌芽至开花期，抗寒力越来越弱，甚至极短暂的零摄氏度以下温度也会给幼嫩组织带来致死的伤害。在此期，霜冻来临越晚，则受害越重，春季萌芽越早，霜冻威胁也越大，北方的杏开花早，最易遭受霜害。

早春萌芽时受霜冻后，嫩芽和嫩枝变褐色，鳞片松散而枯在枝上。花期受冻，由于雌蕊最不耐寒，轻者将雌蕊和花托冻死，但花朵可照常开放；稍重的霜害可将雄蕊冻死，严重霜冻时，花瓣受冻变枯、脱落。幼果受冻轻时幼胚变褐，果实仍保持绿色，以后逐渐脱落，受冻重时，则全果变褐色很快脱落。

2. 防霜措施

霜冻的发生与外界条件有密切关系，由于霜冻是冷空气集聚的结果，所以小地形对霜冻的发生有很大影响。在冷空气易于积聚的地方霜冻重，而在空气流通处则霜冻轻。在不透风林带之间易聚积冷空气，形成霜穴，使霜冻加重，由于霜害发生时的气温逆转现象，越近地面气温越低，所以树木下部受害较上部重。湿度对霜冻有一定的影响，湿度大可缓和温度变化，故靠近大水面的地方或霜前灌水的树木都可减轻为害。

因此防霜的措施应从以下几方面考虑：增加或保持树木周围的热量；促使上下层空气对流；避

免冷空气积聚；推迟树木的物候期，增加对霜冻的抗力。

① 推迟萌动期，避免霜害。利用药剂和激素或其他方法使树木萌动推迟（延长植株的休眠期）因为萌动和开花较晚，可以躲避早春回寒的霜冻。例如，B₉、乙烯利、青鲜素、萘乙酸钾盐（250～500mg/kg水）或顺丁烯二酰肼（MH 0.1%～0.2%）溶液在萌芽前或秋末喷撒树上，可以抑制萌动，或在早春多次灌返浆水，以降低地温，即在萌芽后至开花前灌水2～3次，一般可延迟开花2～3d。或树干刷白使早春树体减少对太阳热能的吸收，使温度升高较慢，据试验此法可延迟发芽开花2～3d，能防止树体遭受早春回寒的霜冻。

② 改变小气候条件以防霜护树。根据气象台的霜冻预报及时采取防霜措施，对保护树木具有重要作用，具体方法：

a. 喷水法：利用人工降雨和喷雾设备在将发生霜冻的黎明，向树冠上喷水，因为水比树周围的气温高，水遇冷凝结对放出潜热，计1m³的水降低1℃，就可使相应的3300倍体积的空气升温1℃。同时也能提高近地表层的空气湿度，减少地面辐射热的散失，因而起到了提高气温防止霜冻的效果。此法的缺点主要是要求设备条件较高，但随着我国喷灌的发展，仍是可行的。

b. 熏烟法：我国早在1400年前所发明的熏烟防霜法，因简单易行而有效，至今仍在国内外各地广为应用。事先在园内每隔一定距离设置发烟堆（用稻秆、草类或锯末等），可根据当地气象预报，于凌晨及时点火发烟，形成烟幕。熏烟能减少土壤热量的辐射散发，同时烟粒吸收湿气，使水气凝结液体放出热量提高温度，保护树木。但在多风或降温到-3℃以下时，则效果不好。

近年来北方一些地区配制防霜烟雾剂，防霜效果很好。例如，黑龙江省宾西果树场烟雾剂配方为：硝酸铵20%，锯末70%，废柴油10%。配制方法：将硝酸铵研碎，锯末烘干过筛，锯末越碎，发烟越浓，持续时间越长。平时将原料分开放，在霜来临时，按比例混合，放入铁筒或纸壳筒，根据风向放药剂，待降霜前点燃，可提高温度1～1.5℃，烟幕可维持1h左右。

c. 吹风法：上面介绍了霜害足在空气静止情况下发生的，因此可以在霜冻前利用大型吹风机增强空气流通，将冷气吹散，可以起到防霜效果。

d. 加热法：加热防霜是现代防霜先进而有效的方法，美国、俄罗斯等利用加热器提高果园温度。在果园内每隔一定距离放置加热器，在霜将来临时点火加温。下层空气变暖而上升，而上层原来温度较高的空气下降，在果园周圈形成一个暖气层，果园中设置加热器以数量多而每个加热器放热量小为原则，可以既保护果树，而不致浪费太大。

e. 根外追肥：根外追肥能增加细胞浓度，效果更好。

做好霜后的管理工作：霜冻过后往往忽视善后，放弃了霜冻后管理，这是错误的。特别是对花灌木和果树，为克服灾害造成的损失，夺取产量，应采取积极措施，如进行叶面喷肥以恢复树势等。

四、风害

在多风地区，树木常发生风害，出现偏冠和偏心现象，偏冠会给树木整形修剪带来困难，影响树木功能作用的发挥；偏心的树易遭受冻害和日灼，影响树木正常发育。北方冬季和早春的大风，易使树木干梢干枯死亡。春季的旱风，常将新梢嫩叶吹焦，缩短花期，不利授粉受精。夏秋季沿海地区的树木又常遭台风危害，常使枝叶折损，大枝折断，全树吹倒，尤以阵发性大风，对高大的树木破坏性更大。

1. 树种的生物学特性与风害的关系

① 树种特性。浅根、高干、冠大、叶密的树种如刺槐、加拿大杨等抗风力弱；相反，根深、矮干、枝叶稀疏坚韧的树种如垂柳、乌桕等则抗风性较强。

② 树枝结构。一般髓心大，机械组织不发达，生长又很迅速而枝叶茂密的树种，风害较重。一些易受虫害的树种主干最易风折，健康的树木一般是不易遭受风折的。

2. 环境条件与风害的关系

① 行道树如果风向与街道平行，风力汇集成为风口，风压增加，风害会随之加大。

② 局部绿地园地势低凹，排水不畅，雨后绿地积水，造成雨后土壤松软，风害会显著增加。

③ 风害也受绿地土壤质地的影响，如绿地偏砂，或为煤渣土，石砾土等，因结构差，土层薄，抗风性差。如为壤土，或偏黏土等则抗风性强。

3. 人为经营措施与风害的关系

① 苗木质量。苗木移栽时，特别是移栽大树，如果根盘起得小，则因树身大，易遭风害。所以大树移栽时一定要立支柱，在风大地区，栽大苗也应立支柱，以免树身吹歪。移栽时一定要按规定起苗，起的根盘不可小于规定尺寸。

② 栽植方式。凡是栽植株行距适度，根系能自由扩展的，抗风强。如树木株行距过密，根系发育不好，再加上护理跟不上则风害显著增加。

③ 栽植技术。在多风地区栽植坑应适当加大，如果小坑栽植，树会因根系不舒展，发育不好，重心不稳，易受风害。

怎样预防和减轻风害呢?首先在种植设计时要注意在风口、风道等易遭风害的地方选抗风树种和品种，适当密植，采用低干矮冠整形。此外，要根据当地特点，设置防风林和护园林，都可降低风速，免受损尖。

在管理措施上应根据当地实际情况采取相应防风措施，如排除积水；改良栽植地点的土壤质地；培育壮根良苗；采取大穴换土；适当深植，合理修枝，控制树形；定植后及时立支柱；对结果多的树要及早吊枝或顶枝，减少落果；对幼树、名贵树种可设置风障等。

对于遭受大风危害，折枝、伤害树冠或被刮倒的树木，要根据受害情况，及时维护。首先要对风倒树及时顺势扶正，培土为馒头形，修去部分和大部分枝条，并立支柱。对裂枝要顶起或吊枝，捆紧基部伤面，或涂激素药膏促其愈合；并加强肥水管理，促进树势的恢复。对难以补救者应加淘汰，秋后重新换植新株。

五、雪害和雨凇（冰挂）

积雪一般对树木无害，但常常因为树冠上积雪过多压裂或压断大枝，如1976年3月初昆明市大雪将直径为10cm左右的油橄榄的主枝压断，将竹子压倒。同时因融雪期的时融时冻交替变化，冷却不均易引起冻害。在多雪地区，应在雪前对树木大枝设立支柱，枝条过密的还应进行适当修剪，在雪后及时将被雪压倒的枝条提起扶正，振落积雪或采用其他有效措施防止雪害。

雪凇对树木也有一定的影响，1957年3月，1964年2月，在杭州、武汉、长沙等均发生过雨凇，在树上结冰，对早春开花的梅花、腊梅、山茶、迎春和初结幼果的枇杷、油茶等花果均有一定的损失，还造成部分毛竹、樟树等常绿树折枝、裂干和死亡。对于雨凇，可以用竹竿打击枝叶上的冰，并设支柱支撑。

第五节　树木树体的保护和修补

一、树木的保护和修补原则

　　树木的树干和骨干枝上，往往因病虫害、冻害、日灼及机械损伤等造成伤口，这些伤口如不及时保护、治疗、修补，经过长期雨水浸蚀和病菌寄生，易使内部腐烂形成树洞。另外，树木经常受到人为的有意无意的损坏，如树盘内的土壤被长期践踏变得很坚实，在树干上刻字留念或拉枝折枝等，所有这些对树木的生长都有很大影响。因此，对树体的保护和修补是非常重要的养护措施。

　　树体保护首先应贯彻"防重于治"的精神，做好各方面预防工作，尽量防止各种灾害的发生，同时还要做好宣传教育工作，使人们认识到，保护树木人人有责。对树体上已经造成的伤口，应该早治，防止扩大，应根据树干上伤口的部位、轻重和特点，采用不同的治疗和修补方法。

二、树干伤口的治疗

　　对于枝干上因病、虫，冻、日灼或修剪等造成的伤口，首先应当用锋利的刀刮净削平四周，使皮层边缘呈弧形，然后用药剂（2%～5%硫酸铜液，0.1%的升汞溶液，石硫合剂原液）消毒。修剪造成的伤口，应将伤口削平然后涂以保护剂，选用的保护剂要求容易涂抹，黏着性好，受热不融化，不透雨水，不腐蚀树体组织，同时又有防腐消毒的作用，如铅油、接蜡等均可。大量应用时也可用黏土和鲜牛粪加少量的石硫合剂的混合物作为涂抹剂，如用激素涂剂对伤口的愈合更有利，用含有0.01%～0.1%的a-萘乙酸膏涂在伤口表面，可促进伤口愈合。

　　由于风折使树木枝干折裂，应立即用绳索捆缚加固，然后消毒涂保护剂。北京有的公园用两个半弧圈构成的铁箍加固，为了防止摩擦树皮用棕麻绕垫，用螺栓连接，以便随着干径的增粗而放松。另一种方法，是用带螺纹的铁棒或螺栓旋入树干，起到连接和夹紧的作用。

　　由于雷击使枝干受伤的树木，应将烧伤部位锯除并涂保护剂。

三、补树洞

　　因各种原因造成的伤口长久不愈合，长期外露的木质部受雨水浸渍，逐渐腐烂，形成树洞，严重时树干内部中空，树皮破裂，一般称为"破肚子"。由于树干的木质部及髓部腐烂，输导组织遭到破坏，因而影响水分和养分的运输及贮存，严重削弱树势，降低了枝干的坚固性和负载能力，缩短了树体寿命。

　　补树洞是为了防止树洞继续扩大和发展。其方法有3种。

1. 开放法

　　树洞不深或树洞过大都可以采用此法，如伤孔不深无填充的必要时可按前面介绍的伤口治疗方法处理。如果树洞很大，给人以奇特之感，欲留做观赏时可采用此法。方法是将洞内腐烂木质部彻底清除，刮去洞口边缘的死组织，直至露出新的组织为止，用药剂消毒并涂防护剂。同时改变洞形，以利排水，也可以在树洞最下端插入排水管。以后需经常检查防水层和排水情况，防护剂每隔半年左右重涂1次。

2. 封闭法

树洞经处理消毒后，在洞口表面钉上板条，以油灰和麻刀灰封闭（油灰是用生石灰和熟桐油以1：0.35，也可以直接用安装玻璃用的油灰俗称腻子），再涂以白灰乳胶，颜料粉面，以增加美观，还可以在上面压树皮状纹或钉上1层真树皮。

3. 填充法

填充物最好是水泥和小石砾的混合物，如无水泥，也可就地取材。填充材料必须压实，为加强填料与木质部连接，洞内可钉若干电镀铁钉，并在洞口内两侧挖一道深约4cm的凹槽，填充物从底部开始，每20～25cm为1层，用油毡隔开，每层表面都向外略斜，以利排水，填充物边缘应不超出木质部，使形成层能在它上面形成愈伤组织。外层用石灰、乳胶、颜色粉涂抹，为了增加美观，富有真实感，在最外面钉1层真树皮。

四、吊枝和顶枝

吊枝在果园中多采用，顶枝在园林中应用较多。大树或古老的树木如有树身倾斜不稳时，大枝下垂的需设支柱撑好，支柱可采用金属、木桩、钢筋混凝土材料。支柱应有坚固的基础，上端与树干连接处应有适当形状的托杆和托碗，并加软垫，以免损害树皮。设支柱时一定要考虑到美观，与周围环境谐调。北京故宫将支撑物油漆成绿色，并根据松枝下垂的姿态，将支撑物做成棚架形式，效果很好。也有将几个主枝用铁索连接起来，也是一种有效的加固方法。

五、涂白

树干涂白，目的是防治病虫害和延迟树木萌芽，避免日灼为害，据试验桃树涂白后较对照树花期推迟5d，因此在日照强烈，温度变化剧烈的大陆性气候地区，利用涂白减弱树木地上部分吸收太阳辐射热原理，延迟芽的萌动期。由于涂白可以反射阳光，减少枝干温度局部增高，可预防日灼为害。因此目前仍采用涂白作为树体保护的措施之一。杨柳树栽完后马上涂白，可防蛀干害虫。

涂白剂的配制成分各地不一,一般常用的配方是：水10份，生石灰3份，石硫合剂原液0.5份，食盐0.5份，油脂（动植物油均可）少许。配制时要先化开石灰，把油脂倒入后充分搅拌，再加水拌成石灰乳，最后放入石硫合剂及盐水，也可加黏着剂，能延长涂白的期限。

除以上介绍的4种措施外，为保护树体，恢复树势，有时也采"桥接"的补救措施。

复习思考题

1. 园林树木的土壤改良与管理有哪些措施？
2. 简述园林树木施肥的特点与方法？
3. 简述园林树木灌排水的原则与方法？
4. 本地区园林树木常见的自然灾害有哪些？如何防治？
5. 园林树木树体保护及修补有哪些措施？

第九章　古树名木的养护与管理

第一节　古树名木的保护意义

一、古树名木的概念

古树是活着的古董，是有生命的国宝。古树是指树龄在100年以上的树木；名木是指在历史上或社会上有重大影响的中外历代名人、领袖人物所植或者国内外稀有的、具有历史价值和纪念意义以及重要科研价值的树木。

古树名木是极其珍贵的植物资源，也是优秀的文化遗产，具有较高的经济、观赏和研究价值。据建设部初步统计，我国百年以上的古树约20万株，大多分布在城区、城郊及风景名胜地，其中约20%为千年以上的古树。

我国的古树名木资源十分丰富，它们历尽沧桑，饱经风霜，经历过无数次战争的洗礼和世事变迁，虽已老态龙钟却依然生机盎然，为中华民族的灿烂文化和壮丽山河增添了不少光彩。以河南省为例，河南省是中华民族发祥地和经济开发较早的地区之一。自周至宋，10多个朝代在这里建都，遗留的古树名木甚多。据统计，全省目前尚有散生古树名木4010棵，古树群44群，共23887棵。其中，一级古树956棵，二级古树944棵，三级古树2090棵，名木20棵。分属28科36属90多种，多为蝶形花、苏木、银杏、桑、柏、杨柳、壳斗、卫矛科。位于少林寺东北二公里的刁家沟山坡上有棵檀子树，树龄与少林寺建寺的时间相同，约有1500年，树高11米，树干高2米，胸围3.75米，胸径1.2米，冠幅平均18米，树围枝四出，跃然横空，覆盖地面近1亩。春季嫩梢嫩叶披金黄色绒毛，在阳光下闪闪发光，被誉为佛光树；盛夏时节来到树下可真正体验"大树底下好乘凉"的古话。

二、保护古树名木的意义

古树名木是中华民族悠久历史与文化的象征，被称为绿色文物和活化石，每棵树都具有相当高的科研价值和文化价值，是自然界和前人留给我们的珍贵财富。每棵古树都与中华文化的发展息息相关，见证着中华民族的发展足迹。但近几年来，随着人们生产生活的发展，大量古树名木被破坏，诸多珍贵古树危在旦夕，古树名木的保护工作迫在眉睫。

1. 古树名木是历史的见证

我国的古树名木不仅地域分布广阔，而且历史跨度大。我国传说中的周柏、秦松、汉槐、隋梅、唐杏（银杏）、唐樟、宋柳都是树龄高达千年的树中寿星。更有一些树龄高达数千年的古树至今仍风姿卓然，如河北张家口4700年的"中国第一寿星槐"，山东茗县浮莱山3000年以上树龄的"银杏王"，台湾高寿2700年的"神木"红桧，西藏寿命2500年以上的巨柏，陕西省长安县温国寺和北京戒台寺1300多年的古白皮松。北京颐和园东宫门内的两排古柏，在靠近建筑物的一面保留着火烧的痕迹，那是八国联军纵火留下的侵华罪行的真实记录。

2. 古树名木蕴含着丰富的文化内涵

我国各地的许多古树名木往往与历代帝王、名士、文人、学者相联系，有的为他们手植，有的受到他们的赞美，长于丹青水墨的大师们则视其为永恒的题材。名木曾使历代文人、雅士为之倾倒，吟咏抒怀，它在文化史上有其独特的作用。扬州八怪中的李鲜，曾有名画《五大夫松》，是泰山名松的艺术再现；嵩阳书院的将军柏，更有明、清文人赋诗30余首之多。又如陕西黄陵的轩辕柏和挂甲柏，传说轩辕柏是皇帝亲手所植，高达9m，7人合抱不能合围，树龄近5000年，树干如铁，枝叶繁茂；挂甲柏相传为汉武帝挂甲所在，枝干斑痕累累，纵横成行，柏液渗出，晶莹夺目。这两棵古柏虽然年代久远，但至今仍枝叶繁茂，郁郁葱葱，毫无老态，此等奇景，堪称世界无双。轩辕柏被英国林学家称为世界柏树之父。

3. 古树名木为名胜古迹增添佳景

古树名木苍劲古雅，姿态奇特，在园林中可构成独特的景观，也常成为名胜古迹的最佳景点。古树名木和山水、建筑一样具有景观价值，是重要的风景旅游资源。它们或苍劲挺拔、风姿多彩，镶嵌在名山峻岭和古刹名胜之中，与山川、古建筑、园林融为一体；或独成一景，成为景观主体；或伴一山石、建筑，成为该景的重要组成部分，吸引着众多游客前往游览观赏，流连忘返。如黄山以迎客松为首的十大名松，泰山的卧龙松等均是自然景观中的珍品；而北京天坛公园的九龙柏，以及云南昆明黑龙潭公园内的唐梅、宋柏、元山茶以及百花如云的清代玉兰，处处引人入胜。云南大理名扬海内外的蝴蝶树是一株树龄达400年以上的毛合欢树。300多年前的《徐霞客游记》就有所记载。现代文坛巨匠郭沫若也曾留下"蝴蝶泉头蝴蝶树……"的诗篇。黄山风景名胜区的黄山松以顽强、奇异著称于世，宛若黄山的灵魂。它干身矮挺坚实，树冠短平针密，同湿雾、怪石抗争，显示出独特的魅力。鞍山千山之秀素有"秀在松"之说，香岩寺殿内的蟠龙松，冠幅遮天蔽日，葱秀俊逸，遒劲洒脱，宛若巨龙盘踞飞升。其他如北京北海团城上的遮阴侯（油松）和白袍将军（白皮松），泰山卧龙松，灌县天师洞冠幅世界最大的银杏，陕西勉县武侯祠的护墓双桂及苏州光福名为清、奇、古、怪的古圆柏等，均使万千中外游客啧啧称奇，流连忘返。

4. 古树是研究古代自然史的重要资料

古树是进行科学研究的宝贵资料，树木的年轮生长除了取决于树种的遗传特性外，还与当时的气候特点相关，表现为年轮有宽窄不等的变化，由此可以推算过去湿热气象因素的变化情况；其复杂的年轮结构和生长情况，既反映出历史上的气候变化轨迹，又可追溯树木生长、发育的若干规律；对研究一个地区千百年来气象、水文、地质和植被的演变，有着重要的参考价值。

5. 古树对于地区树种规划有极高的参考价值

古树多属乡土树种，保存至今的古树、名木，是久经沧桑的活文物，其对当地的气候和土壤条件具有很强的适应性。故调查本地栽培及郊区野生树种，尤其是古树、名木，可作为制订城镇树种规划的可靠的资料，特别是指导造林绿化的可靠依据。景观规划师和园林设计师可以从中得到对该树种重要特性的认识，从而在树种规划时做出科学合理的选择。

6. 古树是研究树木生长发育的特殊材料

树木的生长周期很长，人们无法对它的生长、发育、衰老、死亡的规律用跟踪的方法加以研究。而古树的存在就把树木生长、发育在时间上的顺序展现为空间中的排列，使我们能以处于不同年龄阶段的树木作为研究对象，从中发现该树种从生到死的总规律，帮助人们认识各种树木的寿命、生长发育状况以及抵抗外界不良环境的能力。

7. 古树名木具有较高的经济价值

有些古树虽树龄已高，却生产潜力巨大。例如素有银杏之乡之称的河南嵩县白河乡，树龄在300年以上的古银杏树有210株，1986年产白果2.7万公斤；新郑县孟庄乡的一株古枣树，单株采收鲜枣达500公斤；安徽砀山良梨乡一株300年的老梨树，不仅年年果实累累，同时也是该地区发展水果产业的优质种质库。古树名木还为旅游资源的开发提供了难得的条件，对发展旅游产业具有重要价值。

三、我国古树名木的保护与管理现状

我国政府历来就十分重视古树名木的保护工作，尤其是改革开放以来，随着社会经济和文化科学技术的发展，古树的价值和保护更引起的人们的关注，古树保护工作也被各级政府提到了议事日程。国务院设立了行政主管部门负责全国城市古树名木保护管理工作，省、自治区人民政府设立行政主管部门负责本行政区域内的城市古树名木保护管理工作，城市人民政府城市园林绿化行政主管部门负责本行政区域内城市古树名木保护管理工作。1982年3月国家城建总局出台了《关于加强城市与风景名胜区古树名木保护管理的意见》；1995年8月，国务院颁布了《城市绿化条例》，在《条例》中对古树名木及其保护管理办法、责任以及造成的伤害、破坏等做出相关的规定、要求与奖惩措施；2000年9月国家建设部颁布了《城市古树名木保护管理办法》，就古树名木的范围、分级进行了界定，并就古树名木的调查、登记、建档、归属管理以及责任、奖惩等方面做出了详细的规定和要求。随后，全国各地也相继出台了地方性的古树名木保护与管理办法。古树名木的养护管理费用由古树名木的责任单位或者责任人承担。抢救、复壮古树名木的费用，城市园林绿化行政主管部门可适当给予补贴。城市人民政府应当每年从城市维护管理经费、城市园林绿化专项资金中划出一定比例的资金用于城市古树名木的保护管理，这些措施也使古树名木的管理走向了规范保护的轨道。

第二节　古树名木的生长特点和衰老原因

一、古树名木的生长特点

1. 根系发达

俗话说"根深叶茂"，"根深蒂固"，古树多为深根性树木，主侧根发达，一方面能有效地吸收树体生长发育所需的水分和养分，另一方面具有极大的固地与支撑能力来稳固庞大的树体，古树也因此能延年益寿的生存下去。

2. 生长缓慢、含有抗病虫物质

古树一般是慢生或中速生长树种，新陈代谢较弱，消耗少而积累多，从而为其长期抵抗不良的环境因素提供了内在的有利条件。某些树种的枝叶还含有特殊的有机化学成分，如侧柏体内含有苦味素、侧柏苷及挥发油等，具有抵抗病虫侵袭的功效。

3. 萌发力强

许多古树具有根、茎萌蘖力较强的特性，根部萌蘖可为已经衰弱的树体提供营养与水分。例如河南信阳李家寨的古银杏，虽然树干劈裂成几块，中空可过人，但根际萌生出多株苗木并长成大树，形成了三代同堂的丛生银杏树。有的树种如侧柏、槐树、栓皮栎、香樟等，干枝隐芽寿命长、萌枝力强，枝条折断后能很快萌发新枝，更新枝叶。

4. 古树树体结构合理，木材强度高

古树生长缓慢．木质部的密度大、强度高，分枝及树冠结构合理，因此能抵御强风等外力的侵袭，减少树干受损的机会。如黄山的古松、泰山的古柏，都能经受山顶常年的大风吹袭。

5. 古树一般是长寿树种，通常是由种子繁殖而来的

种子繁殖的树木，其根系发达，适应性广，抗逆性强，使它能较好地抵抗外界的不良环境。

古树能经年不衰地生长除具有较好的遗传特性外，与它生长的立地条件较好也有关系。许多古树名木生长于名胜古迹区，自然风景区或自然山林中，其原生的环境条件未受到人为因素的破坏，或具有特殊意义而受到人们的保护，使其能在比较稳定的生长环境中正常生长。有些古树名木的原生环境虽受到破坏，但因其土壤特别深厚、水分与营养条件较好，使它寿命也较长。

二、古树名木衰老的原因

任何树木都要经过生长、发育、衰老、死亡等过程，这是不以人的意志为转移的客观规律。但是可以通过人为的措施，延缓古树衰老和推迟死亡的时间，最大限度地发挥古树名木的功能，为人类造福。树木由衰老到死亡不是简单地随着时间而推移的过程，而是复杂的生理生化过程，是树种自身遗传因素与环境因素以及人为因素的综合作用的结果。树木衰老的原因归结起来有两个：一是树木自身的遗传因素；二是外部环境条件的影响。

1. 树木自身遗传因素

任何树木自种子萌发以后，一般需要经数年幼年的生长发育，才能开花结实，进入成熟阶段；之后经多年的开花结实，生长逐步减弱，树木进入衰老阶段；最后，因各器官功能衰竭而死亡，这是树木生长发育的自然规律。但由于各树种遗传因素不同，生长发育衰老死亡的时间也不同，有些树种因生长缓慢，抗性强，寿命也较长。

2. 外部环境条件

（1）生长立地条件差

① 生长空间不足：有些古树栽在殿基土上，植树时只在树坑中换了好土，树木长大后，根系很难向坚土中生长，由于根系的活动范围受到限制，营养缺乏，致使树木衰老。古树名木周围常有高大建筑物，严重影响树体的通风和光照条件，迫使枝干生长发生改向，造成树体偏冠，且随着树龄增大，偏冠现象就越发严重。这种树冠的畸形生长，不仅影响了树体的美观，更为严重的是造成树体重心发生偏移，枝条分布不均衡，如遇雪压、大风等异常天气，在自然灾害外力的作用下，极易造成枝折树倒，尤以阵发性大风对偏冠的高大古树破坏性更大。

② 土壤密实度过高，理化性质恶劣：随着经济的发展和人民生活水平的提高，旅游已经成为人们生活中不可缺少的部分，特别是有些古树姿态奇特，或是具有神奇的传说，招来大量的游客，常常造成对古树名木周围地面的过度践踏，使得本来就缺乏耕作条件的土壤密实度更加增高，导致土壤板结、团粒结构遭到破坏、通透性及自然含水量降低。城市公园里游人密集，地面受到大量践踏，土壤板结，密实度高，透气性降低，机械阻抗增加，对树木的生长十分不利。据测定：北京中山公园在人流密集的古柏林中土壤容重达1.7g/cm³，非毛管孔隙度为2.2%；天坛"九龙柏"周围，土壤容重为1.59g/cm³，非毛管孔隙度为2%，在这样的土壤中，根系生长严重受阻，树势日渐衰弱。

③ 树干周围铺装面过大：由于游人增多，为方便观赏，管理部门多在树干周围用水泥砖或其他硬质材料进行大面积铺装，仅仅留下较小的树池。铺装地面不仅加大了地面抗压强度，造成土壤通透性能的下降，也形成了大量的地面径流，大大减少了土壤水分的积蓄，致使古树根系经常处于透气、营养缺乏及水分条件极差的环境中，使其生长衰弱。

④ 根部营养不足：土壤实心实意度过高，容易导致树木概况土壤的营养成分严重缺乏，氮、磷、钾等元素的不足，使树木生长缓慢，枝叶稀疏，抗性减弱。

⑤ 土壤剥蚀，根系外露：古树历经沧桑，土壤裸露，表层剥蚀，水土流失严重。不但使土壤肥力下降，而且根系表层易受干旱和高、低温的伤害，还易造成人为擦伤，抑制根系生长。随着环境污染的加剧，大量有毒污水渗入地下，并积聚在古树的根部，对古树的生长极为不利。

（2）自然灾害

① 大风：7级以上的大风，主要是台风、龙卷风和短时风暴，可吹折枝干或撕裂大枝，严重者可将树干拦腰折断。而不少古树因蛀虫的危害，枝干中空、腐朽或有树洞，更容受到风折的危害。枝干的损害直接造成叶面积减少，还易引发病虫害，使本来生长势就很弱的树木更加衰弱，严重时导致古树死亡。

② 雷电：古树高大，易遭雷电袭击，导致树头枯焦、干皮开裂或大枝劈断，使树势明显衰弱。

③ 干旱：持久的干旱，使得古树发芽推迟，枝叶生长量减小，枝的节间变短，叶片因失水而发生卷曲。严重时可使古树落叶，小枝枯死，易遭病虫侵袭，从而导致古树的进一步衰老。

④ 雪压、冰雹：树冠雪压是造成古树名木折枝毁冠的主要自然灾害之一，特别是在大雪发生时，若不及时进行清除，常会导致毁树事件的发生。如黄山风景管理处，每在大雪时节都要安排及时清雪，以免雪压毁树。2008年初，我国南方发生了罕见的雪灾，大量的树枝被折断，树木受损严重。冰雹虽然发生概率较小，但灾害发生时大量的冰凌、冰雹压断或砸断小枝、大枝，对树体也会造成不同程度的损伤。

⑤ 地震：5级以上的强烈地震虽然不会经常发生，但是一旦发生地震，对于腐朽、空洞、干皮开裂、树势倾斜的古树来说，往往会造成树体倾倒或干皮进一步开裂。

（3）病虫危害

虽然古树因其抗性较强，发生病虫害的概率与一般树木相比要小得多，致命的病虫更少，但高龄的古树大多已开始或者已经步入了衰老至死亡的生命阶段，树势衰弱已是必然，若日常养护管理不善，人为和自然因素对古树造成损伤时有发生，则为病虫的侵入提供了有利条件。对已遭到病虫危害的古树，若得不到及时而有效的防治，其树势衰弱的速度将会进一步加快，衰弱的程度也会因此而进一步增强。因此在古树保护工作中，及时有效地控制主要病虫害的危害，是一项极其重要的措施。

3．人为损害

① 指古树遭到人为的直接损害。如在树下摆摊设点；在树干周围乱堆杂物，如水泥、沙子、石灰等建筑材料（特别是石灰，遇水产生高温常致树干灼伤，严重者可致其死亡）。在旅游景点，个别游客会在古树名木上乱刻乱画；在城市街道，会有人在树干上乱钉钉子；在农村，古树成为拴牲畜的桩，树皮遭受啃食的现象时有发生；更有甚者，对妨碍其建筑或车辆通行等原因的古树名木不惜砍枝伤根，致其丧命。2013年3月6日，河南省淮阳县举行为期一个月的太昊陵庙会，超旺的人气让香火熊熊燃烧，持续不断的火焰把人文始祖伏羲氏陵墓前的五棵古柏树活活烧死，只剩下光秃秃的枝干。

② 人为活动的影响。人为活动造成的环境污染直接和间接地影响了植物的生长，古树由于其高龄而更容易受到污染环境的伤害，加速其衰老的进程。

随着城市化进程的不断推进，各种有害气体如二氧化硫、氟化氢、二氧化氮等排放越来越多，对树木的侵害越来越大，受害后主要症状为叶片卷曲、变小、出现病斑，春季发叶迟，秋季落叶早，节间变短，开花、结果少等。

土壤污染会对树木造成直接或间接的伤害。有毒物质对树木的伤害，一方面表现为对根系的直接伤害，如根系发黑、畸形生长，侧根萎缩、细短而稀疏，根尖坏死等；另一方面表现为对根系的间接伤害，如抑制蒸腾作用的正常进行，进而影响光合作用效率，使树木生长量减少，物候期异常，生长势衰弱等，促使或加速其衰老，使其易遭受病虫危害。

③ 盲目移植。近年来，随城市化水平的提高，许多地方领导认为古树越多，城市品位越高，城市绿化档次越高，盲目使大树搬家、古树进城；另外也有一些不法商人，为追逐高额利润，盗卖古树，致使许多古树因搬迁措施不当和无法适应环境的变化而造成严重的生长不良，甚至死亡。

第三节　古树名木的养护及复壮措施

一、古树名木的养护与管理

1．一般养护管理

① 安装标志，标明树种、树龄、等级、编号，明确养护管理负责单位，设立宣传牌。

② 古树名木树干以外10～15m为古树名木生长保护范围，在生长保护范围内的新建、扩改建建设工程，必须满足古树名木根系生长和日照要求，并在施工期间落实养护措施。

③ 严禁在树体上钉钉、缠绕铁丝、绳索、悬挂杂物或作为施工支撑点和固定物，严禁刻画树皮和攀折树枝，发现伤疤和树洞要及时修补，对腐烂部位应按外科方法进行处理。

④ 一级古树以及生长在公园绿地或人流密度大，易受毁坏的二、三级古树名木，应设置保护围栏，围栏与树干距离不得少于2m，特殊立地条件无法达到2m的，以人摸不到树干为最低要求。围栏内土壤表面可种植植被，以保持土壤湿润、透气。

⑤ 每年应对古树名木的生长情况进行调查，并做好记录，发现生长异常需分析原因，及时采取养护措施，并采集标本存档。

⑥ 根据不同树种对水分的不同要求进行浇水或排水。高温干旱季节，根据土壤含水量的测定值，进行浇透水或叶面喷淋。根系分布范围内需有良好的自然排水系统，不能长期积水。无法运用排水沟的，需增设盲沟与暗井。生长在坡地的古树名木可在其下方筑水平梯田扩大根系吸水和生长范围。

⑦ 古树名木因为长时间在同一地点生长，土壤肥力会下降，在测定土壤元素含量的前提下进行施肥。土壤里如缺微量元素，可针对性增施微量元素，施肥方法可采用穴肥、放射性沟施和叶面喷施。

⑧ 修剪古树名木的枯死枝、梢，事先应由主管部门技术人员制订修剪方案，主管部门批准后实施。修剪要避开伤流盛期。小枯枝用手锯锯掉或铁钩勾掉。截枝应做到锯口平整、不劈裂、不撕皮，过大的粗枝应采取分段截枝法。操作时应注意安全，锯口应涂防腐剂，防止水分蒸发及病虫害侵害。

⑨ 古树名木树体不稳或粗枝腐朽且严重下垂，均需进行支撑加固，支撑物要注意美观，支撑可采用刚性支撑或弹性支撑。

⑩ 定期检查古树名木的病虫害情况，采用综合防治措施，认真推广和使用安全、高效、低毒农药及防治新技术，严禁使用剧毒农药。使用化学农药应按有关安全操作规程进行作业。

⑪ 树体高大的古树名木，周围30m内无高大建筑时，应设置避雷装置。

⑫ 对古树名木要求做到逐年做好养护记录并存档。

2. 特殊养护

① 古树名木生长在不利的特殊环境时，需作特殊养护。进行特殊处理时需由管理部门提出申请，主管部门批准后实施。施工全过程需由工程技术人员现场指导，并做好摄影和照相资料存档。

② 土壤密实、透水透气不良、土壤含水量高时，会影响根系的正常生命活动，可结合施肥对土壤进行换土。含水量过高可开挖盲沟或暗井进行排水。

③ 人流密度过大及道路广场范围内的古树名木，可在根系分布范围内进行透气铺装（一般为树冠垂直投影外2m）。透气铺装的材料应具有良好的透水、透气性，应根据地面的抗压需要而采用不同的抗压性材料。透气铺装可采用倒梯形砖铺装、架空铺装等方法。

④ 因地下工程漏水引起地下积水，需找到漏点并堵住；因土质含建筑渣土而持水不足，应进行换土，清除渣土，混入适量壤土。

二、古树复壮措施

古树名木的共同特点是树龄较高、树势衰弱，自体生理机能下降，根系吸收水分、养分的能力和新根再生的能力下降，树冠枝叶的生长速率也较缓慢，如遇外部环境的不适或剧烈变化，极易导致树体生长衰弱或死亡。古树的更新复壮，就是运用科学合理的养护管理技术，使原本衰弱的树体重新恢复正常生长，延缓其衰老进程。古树复壮的主要措施有如下几种。

1. 埋条促根

在古树根系范围，填埋适量的树枝、熟土等有机材料，以改善土壤的通气性以及肥力条件，主要有放射沟埋条法和长沟埋条法。具体做法是：在树冠投影外侧挖放射状沟4～12条，每条沟长120cm，宽为40～70cm，深80cm；沟内先垫放10cm厚的松土，再把截成长40cm枝段的苹果、海棠、紫穗槐等树枝缚成捆，平铺一层，每捆直径20cm左右，上撒少量松土，每沟施麻酱渣1kg、尿素50g，为了补充磷肥可放少量动物骨头和贝壳等，覆土10cm后放第二层树枝捆，最后覆土踏平。如果树体相距较远，可采用长沟埋条，沟宽长200cm左右，70～80cm，深80cm，然后分层埋树条、施肥、覆盖踏平。注意埋条的地方地势不能过低，以免积水。

2. 挖复壮沟

在树冠投影范围内挖复壮沟，改善根系生长状况。具体的操作方法为：复壮沟最下层铺20cm复壮基质（包括原土加腐熟树皮碎屑和古树专用颗粒肥）加少量磷钾肥和菌根剂，混合均匀施入，第二层铺20cm枯枝落叶，第三层铺20cm的复壮基质，第四层铺20cm的枯枝落叶，最上层铺20cm的素土。这种基质富含多种矿质元素，同时有机物的分解改善了土壤的物理性质，促进了微生物的活动，将土壤中固定的多种元素逐渐释放出来，经过几年的施肥，土壤的有效孔隙度可保持在12%～15%之间，有利于根系生长。

由于复壮沟内的土质疏松，把根都引向复壮沟内，每条复壮沟的两头可用砖砌成环状观察井对根系的生长情况进行观察。每年春季可通过观察井向复壮沟内浇2遍水，干旱季节也可以向复壮沟内补水。开春还可以给古树叶面喷洒清水，清洗一冬的灰尘，有利枝叶进行光合作用。5～6月应给古树叶面追肥，喷0.2%磷酸二氢钾、0.3%尿素两次。经过复壮养护后，可使古树的生长量明显增加，枝叶清绿，新梢的年生长量达5cm左右，病虫害明显减少。

3. 地面处理

采用根基土壤铺梯形砖、带孔石板或种植地被的方法，改变土壤表面受人为践踏的情况，使土壤能与外界保持正常的水气变换。在铺梯形砖时，下层用沙衬垫，砖与砖之间不能勾缝，留足透气通道。

4. 换土

如果古树名木的生长位置由于受到地形、生长空间等立地条件的限制，而无法实施上述的复壮措施时，应考虑采用更新土壤的办法。换土在树冠投影范围内，对大的主根周围进行换土。换土时深挖0.5m（注意随时将暴露出来的树根用浸湿的草袋盖上），把原来的旧土与砂土、腐叶土、大粪、锯末、少量化肥混合均匀后填埋。此法简单易行，效果较好，值得推广。

5. 防治病虫害

开展多种形式的生物防治，有诱捕法、绕干法等。例如危害柏树的蛀干害虫双条杉天牛，在北京一年一代，多以成虫在被害树枝、树干内越冬，次年3月成虫羽化，飞到树势衰弱或新移栽的树上产卵，幼虫钻入树皮后在韧皮部蛀食，破坏树木的输导组织，加速古柏的死亡。每年3月可进行双条杉天牛的防治，采取放置诱木的方法，吸引成虫在此产卵，孵化幼虫，然后集中消灭，这种方法效果很好。具体方法为：利用直径粗4cm以上的新鲜柏木枝条截成1～1.5m长，横着摆放在离柏树林较近的空地上，引诱成虫，白天定专人在木堆上捉杀成虫，当白天气温达到15℃时，就到了羽化高峰时期，到5月把朽木收集回来集中处理。

防治蚜虫、红蜘蛛，除了打药、消灭成虫以外，还可给古树上围塑料布环、放蒲螨和肿腿蜂，进行综合防治，效果很好。

对部分古树，特别是油松和古柏，为防止蛀干害虫的侵食，可用麻袋布剪成宽30cm的条状，用具有熏蒸、触杀或者内吸作用的药液浸泡，阴干。由上而下密布缠绕树干3～4层，高度以缠绕到分枝点以上为准，保护树干不被害虫蛀干。

6. 化学药剂疏花疏果

当植物在缺乏营养或生长衰退时，常出现多花多果的现象，这是植物生长发育的自我调节，但大量结果能造成植物营养失调，古树发生这种现象时后果更为严重。采用药剂疏花疏果。则可降低古树的生殖生长，扩大营养生长，恢复树势而达到复壮的效果。

疏花疏果的关键是疏花，喷药时间以秋末、冬季或早春为好。如在国槐开花期间喷施50mg/L的萘乙酸加3000mg/L的西维因或200mg/L的赤霉素效果较好；对于侧柏和龙柏（或桧柏）若在秋末喷施，侧柏以400mg/L的萘乙酸为好，龙柏以800mg/L的萘乙酸为好；但从经济角度出发，200mg/L的萘乙酸对抑制二者第二年产生雌雄球花的效果也很有效。

7. 喷施或灌施新型植物生长调节剂

据报道，北京林业大学采用美国先进的技术配方，结合自身的最新科研成果，依据古树的生理、生长特性，研制出了五华素古树复壮系列产品，能快速催生新根。形成健壮发达的根系；打通树体经络，补充大量全面的营养物质，改变古树名木生长势衰弱的现状，调节树体内五大激素的合理分配利用和平衡，激活树体的抗逆基因，诱导抗逆功能的充分展现，抵御衰老，延长寿命。

复习思考题

1. 什么是古树、名木？
2. 为什么要进行古树名木的保护？
3. 古树的生长有何特点？
4. 古树衰老的原因有哪些？
5. 古树复壮、养护的措施有哪些？
6. 调查你身边的古树名木，观察它们的生长情况，提出养护管理方案。